STEAM&创客教育趣学指南

Raspberry Pi
FOR
KIDS

达人迷

Raspberry Pi
趣味编程13例

U0351668

◎［英］Richard Wentk 著

◎ 张佳进 陈立畅 谭雅青 孙超 张睿 译

人 民 邮 电 出 版 社

北 京

图书在版编目（CIP）数据

达人迷：Raspberry Pi趣味编程13例 / （英）理查
德·温特克（Richard Wentk）著；张佳进等译. -- 北
京：人民邮电出版社，2017.12
（STEAM&创客教育趣学指南）
ISBN 978-7-115-46385-2

Ⅰ．①达… Ⅱ．①理… ②张… Ⅲ．①Linux操作系统
—程序设计 Ⅳ．①TP316.89

中国版本图书馆CIP数据核字(2017)第174125号

版权声明

Original English language edition Copyright©2015 by Wiley Publishing, Inc. All rights reserved including the right of reproduction in whole or in part in any form. This translation published by arrangement with Wiley Publishing, Inc.
本书原英文版本版权©2015 归 Wiley Publishing, Inc.所有。未经许可不得以任何形式全部或部分复制作品。本书中文简体字版是经过与 Wiley Publishing, Inc.协商出版。

商标声明

Wiley, the Wiley Publishing Logo, For Dummies, the Dummies Man and related trade dress are trademarks or registered trademarks of John Wiley and Sons, Inc. and/or its affiliates in the United States and/or other countries. Used under license. All other trademarks are the property of their respective owners. John Wiley & Sons, Inc. is not associated with any product or vendor mentioned in this book.
Wiley、Wiley Publishing 徽标、For Dummies、the Dummies Man 以及相关的商业特殊标志均为 John Wiley and Sons, Inc.及/或其子公司在美国和/或其他国家的商标或注册商标，未经许可不得使用所有其他商标均为其各自所有者的财产。本书中提及的任何产品或供应商与 John Wiley & Sons, Inc.及出版社无关。

* ◆ 著　　　　［英］Richard Wentk
* 译　　　　张佳进　陈立畅　谭雅青　孙　超　张　睿
* 责任编辑　周　璇
* 责任印制　周昇亮

* ◆ 人民邮电出版社出版发行　　北京市丰台区成寿寺路 11 号
* 邮编　100164　　电子邮件　315@ptpress.com.cn
* 网址　http://www.ptpress.com.cn
* 北京捷迅佳彩印刷有限公司印刷

* ◆ 开本：800×1000　1/16
* 印张：17.75　　　　　　　2017 年 12 月第 1 版
* 字数：321 千字　　　　　2017 年 12 月北京第 1 次印刷
* 著作权合同登记号　图字：01-2016-2587 号

定价：89.00 元
读者服务热线：(010)81055339　印装质量热线：(010)81055316
反盗版热线：(010)81055315
广告经营许可证：京东工商广登字 20170147 号

内容提要

    树莓派（Raspberry Pi）是一款仅有名片大小的低成本微型计算机。本书共分 5 个部分，前面 4 部分分别深入浅出地介绍了树莓派的基础知识，包括树莓派的硬件分类与 DIY、操作系统的下载安装、系统启动与配置；采用 Scratch、Sonic Pi 软件工具进行简易编程的方法；树莓派的 Python 编程基础、Python 游戏项目的案例分析、Linux 命令的使用方法与操作系统的定制与管理；多个树莓派软件项目的实现方法及示例代码。第 5 部分详细介绍了树莓派与网络摄像头的连接及应用。本书图文并茂，简单易学，非常适合计算机初学者、Linux 爱好者等群体。

译者简介

张佳进，大学讲师，主要从事计算机系统结构的教学与研究工作。

谭雅青，大学讲师，主要从事软件工程的教学与科研工作。

孙超，嵌入式系统工程师。

陈立畅，大学讲师，主要从事智能控制的教学与研究工作。

张睿，网站开发工程师。

关于作者

Richard Wentk 有着超过 35 年的电子元器件的应用和代码的开发构建经验。他是许多英国技术杂志的定期撰稿人，同时也是《Teach Yourself Visually Raspberry Pi》《iOS App Development Portable Genius》以及其他十多个选题图书的作者。他居住在英格兰周围环绕着沙滩、花园、拥有高速宽带的南海岸，收集了多得数不清的树莓派。

献词

谨把此书献给 HGA 团队（Scientia potestas est.）。

致谢

本书是我们团队努力的成果。我要感谢 Katie Mohr 启动了本项目；感谢 Kelly Ewing 对本书的有益指导。同时也要感谢 Rui Santos 的建议和反馈。

当然，如果没有树莓派基金会提供的廉价计算资源以及数以万计的开发者对开源社区无私贡献的时间与智慧（提供了诸如树莓派的许多项目）的话，本书也就不可能出版，因此我们必须要感谢他们。

出版致谢

高级出版编辑：Katie Mohr

项目编辑：Kelly Ewing

原版编辑：Kelly Ewing

编辑助理：Claire Brock

高级编辑助理：Cherie Case

产品编辑：Suresh Srinivasan

封面图片：©Wiley

目 录

概述

对于计算机，你懂多少？许多人使用计算机来玩游戏、看视频、听音乐以及上网，这些根本不需要知道太多的计算机知识。计算机刚好可以实现这些功能，这也是很多人所关注的。

你想获得更多的计算机知识吗？当你单击鼠标，按下键盘上的键，单击网站上的链接或者启动一个 App 应用程序时，会发生什么呢？

还有，你如何设计一个网站？如何开发一个 App 或者游戏呢？

这些是有趣的问题吗？如果不是的话，那这些就无所谓了。因为并不是每个人制作东西时都会兴奋。

如果你觉得有趣的话，这里还有一个更大的问题等着你：你如何获得答案？本书可以帮助你入门，但为了弄清如何找到自己的答案，这需要你进一步学习别人的思路。

理解了计算机能让你解决疑惑、理解数学、编写代码以及构建精巧实用的东西，这些能让你受益匪浅。但最大的好处是帮助你知道你可以学习如何做这些事情。

即使你实际并不关心代码，但是你可以通过使用代码来检验你学习新东西的能力。

具备寻找答案的能力则问题已解决了大半。当你研究了问题后，你可以在别人所做工作的基础上添加自己的东西，也可以把你设计的东西分享出来帮助别人。

不要把本书当作一系列学业问题，它与考核通过或失败无关。许多项目对你入门而言提供了一些建议和思路。这和只需要按步骤进行学习操作，无需去理解工作机制是不一样的。对于其中的一些项目，你需要突破本书的限制，在线找到自己的答案。

一些项目难度较大，如果你觉得太难了，你可以考虑相对简单的项目，之后再返回到较难的项目上来，这样也不失为一件好事。

或者即使不这样也没有关系，只要你玩得开心，做你认为很酷的东西就行。特别是当你发现自己能够做什么而感到惊喜。

所以当你遇到困难或觉得自己愚笨，应该做其他事情时，不要轻易放弃。这有一个大秘诀：起码在某些时候，每个写代码的人都有这样的感受，无一例外。

同时还有另外一个大秘诀：当你发现你能做令人不可思议的事情时，一切都是那么的值得。

关于本书

本书向你介绍了树莓派微型计算机世界。有人将会和你说树莓派是面向青少年的，很容易使用。这是对的，但也不是完全正确的。在某些方面，树莓派是非常容易使用的，在其他情况下，它可能会比 Mac 或 PC 更难。

在学习树莓派的内部工作原理和创建简单的软件和硬件项目方面，树莓派确实是一个好东西。同时，树莓派有助于进行深入的学习，找出研究互联网的方法。把这本书作为你的向导，你会发现：

- 什么是树莓派
- 不同版本的树莓派是如何随着时间而改变的
- 你需要什么样的拓展零件以及它们的价格
- 如果你没有拓展零件时，到哪里可以找到它们
- 如何连接到树莓派
- 给树莓派下载和安装最新的软件需要怎样做
- 怎样给树莓派连接电源
- 与工作相关的最为重要的设置
- 为什么需要安全地关闭树莓派电源
- Linux 操作系统的来龙去脉
- 如何使用 Linux 桌面
- 如何使用桌面文件管理器找到文件
- 不同的 Linux 目录的功能
- 普通用户和 Linux 超级用户间的区别
- 如何通过键盘输入 Linux 命令
- 你能用 Scratch 做一个简单的编程系统
- 如何用 Scratch 创建一个简单的游戏
- 为什么 Sonic Pi 音乐编程系统是那么的有趣
- 如何使用 TuxPaint 程序来进行艺术创作
- 如何使用流行的 Python 语言来编写代码和画图
- 怎样设计你自己的 Web 服务器

- 更多关于使你的 Web 服务器更聪明的说明
- 在 Minecraft 树莓派版本中，怎样使用 Python 来控制你的字符
- 如何设计简易的网络摄像头
- 你需要哪些零件和拓展件来开始硬件项目
- 如何构建一个简易的温度计
- 面向硬件项目，如何设计一个 Web 网页

给达人迷们的假设

本书猜测你已经知道和不知道的事情，你不需要知道代码也无需懂得计算机的内部工作机理，本书假设如下：

- 你能使用 Mac 或 PC，甚至是 Linux 计算机
- 你熟悉鼠标和键盘，你能使用计算机桌面
- 你不害怕连接计算机零件，插入额外部件
- 你能熟练使用 Google 或其他互联网搜索引擎来查找东西
- 你稍微有点闲钱，50 美元将可以买到你所需要的东西，而 100 美元的话则可以很容易地购买到所有东西

本书中的图标

在本书的边缘上有一些小的圆形图片，称为图标。这些图标代表的含义如下：

图标旁边的文本提供了让任务完成或让你的工作更轻松的提示信息。你将会想充分利用好这些闪烁着智慧的金点子。

当你看到这个图标时，需要特别注意。务必记住它所给出的信息。

此文本信息提醒你可能会出错……非常严重的错误。

这个图标上的信息向你表明你可能感兴趣或不感兴趣的所有技术细节。如果你不关心的话，那你可以跳过它而不会产生任何损失。

更多内容

本书的乐趣不会停止。在网络上，你会找到以下内容：

☛ **备忘单**：你可以在这里找到本书的备忘单。www.dummies.com/cheatsheet/raspberrypiforkids。清单请参阅备忘单。

☛ **Dummies.com 的线上文章和章节**：你可以在 www.dummies.com/extras/raspberrypiforkids 找到本书的补充文章和外章。

☛ **更新**：本书在出版印刷后，如果有任何更新将会出现在 www.dummies.com/updates/raspberrypiforkids。

下一步

像其他入门图书一样，本书也只是一个参考。这意味着按顺序来进行阅读是有意义的。你可以通过浏览它而找到新的思路与想法，或者使用目录和书后的索引来寻找最合适的主题。你也可以选择像阅读其他普通图书一样，从头至尾来阅读本书。如果你完全是初学者，我建议你按顺序至少阅读前面几章。如果你第一次接触树莓派，则需要你从前面的这些章节开始学习。

后面的一些章节假设你已经学习了前面的章节内容，或者你已经知道了它们所涉及的主题。最后几章是项目方面的内容，它们与前面章节联系紧密。因此最好不要跳过它们，除非你已经具备了一些基础知识。祝你好运——别忘玩得开心和去做很酷的事情！

第1周

做一个树莓派

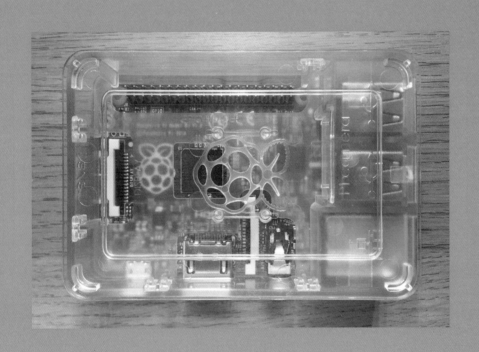

这一部分里……

第 1 章
给你的树莓派找零件

树莓派不但是一个超酷、超小巧，同时价格非常便宜的微型计算机，事实上，它也是一个价格低廉的超小型计算机主板，而且，它本身的功能并不多。在你用它制作一些比较智能化的东西之前，你必须添加某些附加组件来构建树莓派系统。

了解树莓派

如图 1-1 所示，树莓派是英国树莓派基金会研发的一种微型计算机。它的尺寸比 Mac 或 PC 小得多——它几乎和信用卡一样大！并且也便宜不少（价格不等，一个树莓派系统的价格在美国约为 30 美元，在英国则为 20~30 英镑）。

图 1-1

我们只称呼它为树莓派，不是苹果派、蓝莓派或南瓜派。理由则是许多人喜欢树莓这一水果，这对于树莓派的粉丝来说是一个不错的名字。

以下是你能通过树莓派做的一些事情：

- 了解计算机的工作原理
- 制作游戏和玩游戏
- 学习如何编程
- 制作网页
- 制作数字音乐
- 构建简单的电子项目
- 设计一个超赞的虚拟世界
- 获得无穷的乐趣！

无法通过树莓派做的事情

虽然树莓派拥有完整的计算机功能，但它不是一台Mac、PC、平板计算机或游戏主机。它不可能像价格更贵的计算机一样强大。以下是你没办法通过树莓派做的事情：

- 运行 Microsoft Windows 系统或任何 Windows 软件
- 下载或运行苹果 App Store 的应用程序或游戏
- 为 Windows、iOS 或 OS X 开发软件
- 使用流行的 Web 浏览器，如 Chrome、Safari、IE 或 Firefox

- 运行主流的商业游戏

似乎很令人失望？并非如此。

你能通过树莓派完成，却不能通过更大的计算机完成的事情

为了弥补它的不足，你可以通过树莓派做一些特殊的事情，而这些事情无法通过更大的计算机完成。比如说，你可以：

- 如果你犯了严重的错误，在几分钟内抹去树莓派的记录然后重新开始
- 测试你自己编写的软件
- 构建能做有用事情的项目，并且省下钱来
- 在你的树莓派中重写和自定义所有软件
- 让你的树莓派在某一天及某一天特定的时间或当传感器感受到变化时做某事
- 连接温度计、摄像头、运动传感器和其他设备
- 无需消耗大量的电能就可以让树莓派保持全天候运行

树莓派的故事

树莓派来自于一个英国古老的传统。回到 20 世纪 80 年代，英国引领着全世界的计算机行业，并且那些计算机公司有着具有想象力的名字，比如光谱、龙、桔子和橡树。相比树莓派，这些计算机公司的实力都还差很多，但很多孩子通过它们学会了如何编程。这些孩子当中有些后来成为了专业的软件开发人员，而其中一位走上了开发树莓派的道路。

树莓派基金会想让 21 世纪的孩子们走上相同的道路，并且在这过程中享受到乐趣。

你现在可以知道为什么我们会说树莓派是如此特别。与 PC 或 Mac 不同，它是如此的小并且便宜。你可以单独购买树莓派的任何部分。你可以让它全天候运行，并且它有很好的、设定简单的工具用于编写软件——而这些都是免费的。

发现不同类型的树莓派

树莓派的主板有多种不同的类型（见表 1-1）。你需要知道它们的区别，以防你买到不适合的主板。

表 1-1	树莓派的类型
型号	做得如何
A	过时了，别买
B	过时
A+	体积更小、成本更低、速度比 Pi 2 慢， 只对某些特别项目有用
B+	过时，买一个 Pi 2
Pi 2 Model B	就是这个

　　较早的型号被称为 A 主板和 B 主板。较新的型号被称为 A+ 主板和 B+ 主板。截至 2015 年年初，有一种更新、更快、更出众、更好的主板被称为 Pi 2。

　　图 1-2 所示为 Model B+ 和 Model B。

　　它们有着相同的大小，并且使用相同的软件。但它们有不同数目的连接器和其他大大小小的差别。

图 1-2

我会让你的选择变得很简单：你应该要一台 Pi 2。较早的型号现在已经过时了。你仍然可以购买它们，但 Pi 2 基本上在所有方面都更优秀。

怎么理解 A+？为了减少预算，A+ 去掉了主板上某些重要的部分，当你刚刚接触树莓派时，它绝不是你想要的选择。

对于完成一些小项目，它可能、或许、大概是正确的选择。但在你把这本书剩下的部分读完之前，千万不要去买它！

没有 Pi 2 Model A/A+——至少目前还没有。有可能树莓派将在 2015 年年底开始销售这种型号，或许在 2016 年，或许永远不会。你还要等等看。如果他们卖的话，对于已有的主板来说，它的售价可能更为便宜。现在还没人知道。即使它出现，你的第一台树莓派仍应是 Pi 2 B，而不是 A 型板（编者按，本书于 2015 年编写。目前最新的主板型号应为 Pi 3）。

了解树莓派的附加设备

当你购买树莓派时，你会得到一个小电路板。这就是全部了。只靠一个电路板做不了任何事，你用它什么都做不了——除了看看它，也许拿着玩玩，可能这样蛮有趣的，但它并不是用来做这个的。

收集树莓派的零件

要把一个树莓派的主板制作成一台能工作的计算机，你还需要添加一些附加设备。你要做的第一件事，就是收集所有的附加设备并把它们和树莓派连接在一起。这是非常重要的一步！

以下是你需要的附加设备的清单：

- 使用单独的电源的 USB 集线器（仅适用于 A 和 B 型号）
- USB 键盘
- USB 鼠标
- 显示器或电视
- 存储卡
- 电源设备
- 足够长的网络电缆
- 电缆和连接器

尝试自己完成，只有当你不知道怎么做的时候才去请大人们帮你。你会学到很多关于计算机的入门知识。如果你想节约时间或者省钱，跳到"懒人收集组件方法"这一步——在这一章后面部分。

决定你是否需要一个集线器

你是用 Pi 2 起步的吗？如果是，那么，你不需要集线器。你是用旧型号的 Model A+ 或 B+ 起步的吗？如果是，那么，你也不需要集线器。

否则的话，你需要知道原始的 A/B 主板有些问题：如果你插入键盘和鼠标的 USB 连接器，树莓派经常会停止工作。

图 1-3 给出了解决这一问题的方法——通过 USB 集线器把所有配件，包括键盘、鼠标连接到树莓派。

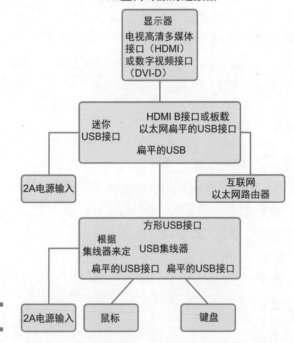

图 1-3

集线器必须要有自己独立的电源供应。集线器解决了停止工作的问题，但会给你留下一团乱糟糟的电线、连接器以及其他附件。

A+/B+/2 主板无需集线器也可以正常工作，如图 1-4 所示。这就使得它们更易于制作，从而不需要那么多的电线和电缆。

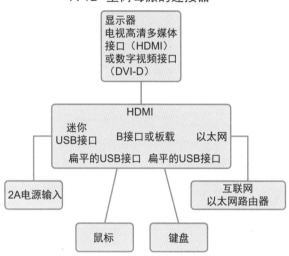

A+/B+型树莓派的连接器

图 1-4

集线器是一个有着许多 USB 接口的盒子。你可以将集线器电缆的一端插入树莓派的一个插槽上，然后把所有其他 USB 设备插到集线器上。如果集线器有它自己的电源，它将确保所有设备得到供电。

如果你插上了一些很耗电的设备，比如机器马达和强力激光发射器，即使你使用 Model A、A+ 或者 B+，你也需要使用集线器。一些类似于键盘和鼠标的低功耗设备则不需要集线器。

选择鼠标和键盘

你可以使用任何带有 USB 接口的鼠标或键盘。有线的通常可以工作，或许你也可以使用一些无线型号的附件，只要它们有 USB 接收器的转换器。（任何"罗技"的产品应该都能工作。）蓝牙鼠标和键盘可能无法工作。

你不需要花很多钱在这些额外的配件上，选择最基本的型号就好。

你无法用你的树莓派玩那些大型的游戏，所以你不需要那种宇宙无敌超级粗暴的带有 15 个尖锐按钮的鼠标——能把你手指头都切下来的那种。但是如果你有一台类似的，你也可以使用它——如果你喜欢。（当然，那些额外的按钮没有任何作用。）

选择显示器或电视

树莓派可以和显示器或电视协同工作。

连接树莓派和显示器的最佳方式是使用 HDMI 接口。最新的电视和许多显示器都有 HDMI 插孔，你需要的是一根 HDMI 线。把线缆一头插在树莓派上，另一头插在显示器或者电视上，然后就完工了。

图 1-5 显示了 HDMI 连接器的位置。

显示器 / 电视不需要很新，或者很好。树莓派仅能勉强制作高清视频。几乎任何十年以内的显示器都能正常工作。

图 1-5

少数的显示器有一个与众不同的 DVI-D 型接口的插槽。如果你找不到带 HDMI 接口的显示器，你需要的是一端带 HDMI 接口，另一端带 DVI 接口的适配器电缆。从亚马逊或 eBay 上挑个便宜的即可。

如果你的显示器只有一个 VGA 接口，你就需要一种特殊的适配器电缆。亚马逊和 eBay 应该又能帮到你了，但你也许该看看你是否能找到一台可以匹配 HDMI 接口的新的或二手的显示器，它说不定比适配器更便宜。

Model A/B 中的黄色的大插槽可与老式的模拟电视——那种在大木头盒子里的有块大玻璃的电视匹配工作。大部分人都不再用那种了，你最好也不要用，因为那种电视显示的图像会很搞笑，而且你无法辨识出屏幕上的文字。

你并不是必须要有一台显示器，因为你可以从另一台计算机远程控制树莓派。这是所谓的 "running headless（远程控制）"——并不是因为它没有头（head）也能运行，而是因为你不需要显示器、鼠标或键盘。（在某种程度上，这些都是像是树莓派的头，快发挥你的想象力吧。）设置一个远程控制的树莓派比较复杂，特别是对于新手来说。这和在 Mac 及 PC 上的工作方式有所不同。如果你很好奇，可以在互联网上搜索 "Headless Raspberry（无头树莓派）"。如果你没有花费足够的时间学习树莓派的操作，你可能无法使它运行。

区分电缆和连接器

等等——USB？VGA？DVI？HDMI？这些都是什么意思？如果你还不知道，快去网上搜索它们的相关内容！

在浏览器的搜索栏键入这几个字母，看看你获取的信息。搜索图像以查看照片。

你不需要知道电缆的工作原理。你甚至不需要记住 HDMI 的意思——高速多媒体接口。（说真的，谁在乎？）

但你必须知道这条线连在哪里。你可以参考" 本章指南"里的照片。例如，图 1-6 显示了 B+ 主板上的互联网 / 以太网和 USB 连接器。

图 1-6

书中列出的 TLA——Three-Letter Acronyms（3 个首字母缩略词）。要做 TLA，需要将每个单词的首字母按顺序排列起来。这就组成了一个更短的单词，更容易被记住（但并不总是容易说出来）。计算机词汇里有很多的 TLA。它们其中一些有 4 个字母，第 4 个字母没有任何意义，只是说明它是如何运作的。你不需要记住全部，它只是有助于记住那些常用的东西。

选择存储卡

树莓派没有硬盘，它把所有的东西都存储在一个小小的存储卡里。Model A 或 B 需要读取速度等级为 8~10MB/s 的 SDHC 卡。对于 Model A+/B+/Pi 2，则需要 microSD 卡。

图 1-7 显示了 Model B+ 主板的底部。存储卡是右边黑色的那个矩形卡片。

存储卡应至少有 4GB 的空间。你也可以用容量较大的卡——如果你喜欢，但它更贵一些，并且大部分的存储空间会被浪费。

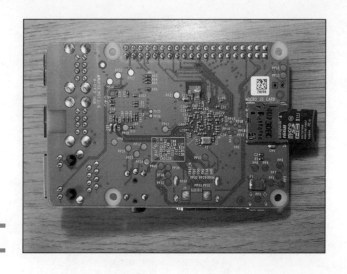

图 1-7

有些 MicroSD 卡带有 SDHC 存储卡适配器。如果你得到其中一种，在较老的 A 或 B 板和较新的 A+ 或 B+ 板上均可以使用。

找到存储卡

比较廉价的选择是获得一张空白的卡——亚马逊是个不错的选择——将软件手动写入卡里。你能这样做的前提是你的 Mac 或 PC 上有存储卡的读写器。如果没有，你就需要购买一个，大概 5 ~ 10 美元（在英国不超过 10 英镑）。

比较懒的办法是买一张已经安装了树莓派软件的存储卡。软件的名字叫作 NOOBS。你可以从亚马逊和商店购买预先为树莓派的额外配件写好的存储卡。该卡的价格会高上几英镑或者更多，但将会为你节省一些时间。

找到电源

虽然树莓派的运行方法很简单，但它需要一种特殊的电源和一种特殊的电缆。树莓派的电源接口是个小小的 microUSB 插槽，它需要匹配的插头。插槽的电源线连接得很结实，可防止你将其意外拉出。

你可以使用标准的 USB 电源，只要它是 2 A、2.1 A 或 2100 mA 的。这意味着它能输出足够的功率。如果使用的电源上面没有标注 2 A、2.1 A 或 2100 mA，你的树莓派可能无法正常工作。

找到电源的最好方法就是在网上买根树莓派专用的电源线。不要忘记注意寻找"2A"的标签！

有些更便宜的耗材都标注 1500 mA 或 1.5 A。一开始它们可能会正常工作，但一旦你接上很多额外配件就不行了。所以你值得多花一点钱以获取足够的电力。部分苹果 iPad 适配器产生 2.4 A 电流，这比 2.1 A 更好。如果你有一个，你可以使用它。

其他电缆

你可能需要网络连接线，有时也称为以太网电缆线。建议使用超 5 类双绞线（Cat 5）或超 6 类双绞线（Cat 6）。将网线的一端插入你家的路由器或其他网络插口，另一头连接在树莓派上。

如果你想要插入多个树莓派到家庭网络，就买更长的网线和有着更多网线接口的网络转换器。把一根较长的线缆的一端插入转换器，而其他计算机的网线插到转换器上。将较长线缆的另一端接到路由器上。（如果这一步对你来说太难，就向家长寻求帮助。如果你找不到家长来帮你，就去互联网搜索如何操作！）

这里所说的"猫（Cat）"在并不是你家"喵喵"叫的那种小动物。这是对超 5/6 类双绞线（Category 5/6）的一种昵称。超 5/6 类双绞线意味着高质量的网络连接，但是该名称比较枯燥。超 1/2/3/4 类双绞线无法工作。

添加可选的附加组件

你可以给你的树莓派添加很多的附加组件。你不需要启动这些组件，但它们可以给你更多的选择，也许会让你的树莓派更加容易操作。

选择一个盒子

这里不是说你真的需要一个盒子，只是一个将有助于防止你的树莓派被不小心碰掉或者被熊孩子损毁的好东西。

在网上搜索"树莓派盒子"，你能看到很长的一串列表，选个质量好的。它们或多或少起的是同一个作用。A/B、A+/B+ 和 Pi 2 的盒子是不同的，因此请确保你买到的是正确的型号。图 1-8 给出了树莓派中具有代表性的盒子。

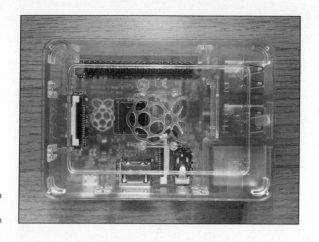

图 1-8

如果你住的地方很热，就买那种有通气孔的，这样有助于保持你的树莓派凉爽和保持良好的通风。

如果你不用盒子，那么把你的树莓派放在不导电的东西里。较厚的纸张、纸板、木材、塑料、玻璃、陶瓷板等都可以。烤盘、金属箔、餐具、银板和金条都不合适，因为它们可能造成短路。

如果你够走运，短路将会使你的树莓派终止运行，而重新启动就可以使它恢复。如果你不走运，短路会直接把你的树莓派烧毁。（但如果你有很多额外的资金，你可以随时买一个新的，或者买一大堆。）

树莓派的主板不喜欢静电。当你拿起一块树莓派的主板时，拿住它的两侧或通过 USB 或网络插孔拿着。别用手指去摸电子元器件。别把你的树莓派放在地毯上或者在地毯上拖着走。（另外，别把它放在微波炉里然后打开电源，也别把它泡到酸里或喂给鲨鱼。你知道这些的，对吧？）

如果你不想花钱去买盒子，你可以用纸箱做一个盒子！请参阅 www.raspberrypi. org/the-punnet-a-card-case-for-you-to-print-for-free。

添加 Wi-Fi（或者不添加）

如果你想要让树莓派连接到无线网络，你需要将无线网卡—— 一端是 USB 插头，另一端带有 Wi-Fi 电子元器件的小塑料棒——插入 USB 端口。

有许多不同的网卡存在。有些和树莓派兼容，有些则不兼容，有些刚开始可以工作而不久后就会无故崩溃，其他类型的根本无法工作。还有一些几乎所有的时间都在工作，但是网速很慢，这会使你很烦躁。为了保持快乐，还是使用较长的网线代替 Wi-Fi 好了。

添加摄像头

摄像头是一种流行的树莓派外设。大多数 USB 网络摄像头与树莓派有着良好的兼容性，但那些又老又便宜的（低于 10 美元）可能就不行了。

官方的树莓派的摄像头组件也是一个选择。在它微型的电路板上有着一个甚至更轻薄的摄像头，其良好的工作性能肯定会超出你的期望。树莓派的摄像头已经内置了软件，不像那些一般的网络摄像头——你不必自己写程序。

摄像头是很精巧的，如果你经常使用的话，一定要把你的树莓派和摄像头装在一个适合摄像头的盒子里。在互联网上搜索有关树莓派的摄像头包的最新选项。

官方的派摄像头有两种类型：标准型和红外型——这种没有红外过滤器。通过肉眼不可见的红外光，你可以用红外摄像头来拍奇特的照片和视频。大部分人会买标准型。如果你想要拍摄野生动物什么的，去买红外型的。

添加扬声器和耳机

和很多手机、MP3 播放器一样，树莓派有标准音频插孔。你可以将扬声器或耳机的插头插到插孔中。如果树莓派发出了声音，你就能听到了。

因为树莓派并没有内置的蓝牙模块，所以它无法使用蓝牙扬声器。它也无法与苹果或安卓手机兼容。

懒人收集组件方法

购买树莓派系统的聪明办法是直接在树莓派的商店购入一套入门套件。合适的套件基本能满足你所有的需求，除了显示器/电视和显示器的电线。在网上搜索树莓派的入门套件，找到成交量最大的商家。

有些入门套件包含 Model B 而不是 B+。仔细检查一下，这样你才知道你买的是哪种。注意购买的是入门套件，而不是电子零件套件；有些商店卖的是电子零件。你可能以后会需要，不过一开始你是没法用的！确保你的套件中包含了电源、键盘、鼠标、存储卡和电线。

如果已经有了鼠标和键盘，看看你是否能找到一套只包含树莓派主板、存储卡和电源的套件。有些商店会发售，这些会比买一整套便宜。

检查看看你都有什么了

如果你不想买套件，很多家庭中都有旧的计算机零件。它们通常在阁楼的角落、车库、地下室或者储物间里。为了节省资金，你可以翻翻这些旧零件，看看有没有你能用得上的。你很可能会发现旧的鼠标、键盘、电源线，甚至一台旧的显示器。

如果你的家里没有的话，你可以试着问问亲戚们。你也可以向你的朋友询问，看看他们有什么可以提供给你！

表 1-2 是树莓派的零件列表。你可以核对一下，看看你有没有找到或者购买了它们。

表 1-2   树莓派系统的清单

额外组件	我需要吗?	可以找到备用的吗?	需要买一个吗?
显示器或电视	是的		
USB 集线器	只适用于 Model A/B		
2A USB 集线器电源	只适用于 Model A/B		
USB 键盘	是的		
USB 鼠标	是的		
2A 电源	是的		
SDHC 存储卡	只适用于 Model A/B		
微型 SDHC 存储卡	只适用于 Model A+ /B+/Pi 2		
存储卡读写器	只有在你的 Mac/PC 上没有的时候		
以太网电缆	是的		
无线路由器	只有你无法使用网线时		
HDMI-HDMI 转换器	取决于显示器 / 电视		
HDMI-DVI 转换器	取决于显示器 / 电视		
盒子	最好有一个		
摄像头	最好有一个		

第2章
在树莓派里创建思维

如果没有思维，你的树莓派仅仅是一堆没用的电子零件。

计算机的思维是非常简单的。与计算机的思维相比，蚂蚁的思维可以被称为天才的。虽说如此，如果你的树莓派没有思维，它将会无法工作，所以，在体验树莓派带来的乐趣之前，你必须为它安装思维。

在这个章节，你将会学会怎样安装思维。

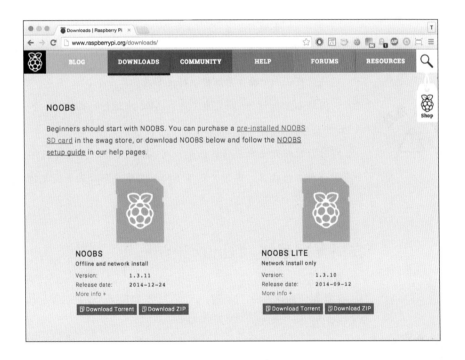

了解操作系统

在计算机术语中，我们把负责运行树莓派的思维称作操作系统 Operating System

（简称 OS）。

操作系统就像是计算机的管理者，它们帮助你运行你的计算机。当你告诉计算机要做某事时，操作系统的作用是读取指令，然后执行指令，最后给出执行的结果。

操作系统的功能是让键盘、鼠标、屏幕和存储器得以工作，同时也负责连接网络和在网络中交换信息。

不同的计算机有不同的操作系统，表 2-1 给出了最受欢迎的类型。

表 2-1　　　　　　　　　　　　　　流行的操作系统

计算机	OS
PC	Windows
Mac	OS X
iPhone	iOS
其他手机	Android
树莓派	详情见本章

软件仅可在一个操作系统中运行，如果你玩一个 Mac 游戏，这个游戏将不能在 PC 中运行，同样地，一个 PC 游戏也不能在 Mac 中运行。当然，一个 iOS 游戏也不能在 Mac 或 PC 中运行。

有时，软件开发者会将软件制作成不同的版本，以便适应不同的操作系统。当然也会有单一版本的情况，因为开发不同的版本需要额外的资金支持，而且花费的时间也会很长。

在树莓派里接触 Linux 系统

对树莓派粉丝来说，这里有一个坏消息：树莓派无法安装 Windows、OS X、iOS 以及 Android 系统。

树莓派有一个专门为 Android 系统设计的版本，但是它不能很好地工作，所以我们就假装它不存在吧。

为了代替 Windows 或者 OS X，你可以在你的树莓派中运行一个免费的 OS——Linux。Linux 是与众不同的，它是为那些喜欢钻研计算机的人设计的，你可以随意改变 Linux 的特征来使它以你想要的方式工作。

微软公司已经承诺免费发布一个可与 Pi 2 兼容的 Windows 10 系统，然而它是为硬件项目设计的精简版，并且无法像完整版那样运行 Office 以及一些常用工具。这个计划将来可能会改变，但是目前，假设树莓派中的 Windows 系统和 PC 中的 Windows 系统完全不同。

Linux 系统附带着帮助你初步编程的免费工具。当你在树莓派中安装 Linux 系统后，你将会免费获得这些工具，并且你也可以免费获得许多其他软件。

因为 Linux 系统很容易修改，人们一直在不断地修改它，所以它有很多不同的版本。一些版本是为了完美操作某一件事，例如播放电影和音乐，或是阅读电子书籍而专门设计的。其他版本则通用。

即使你是一个计算机专家，你也很难改变 Linux 系统。在你做出改变而不损坏任何东西之前，你需要拥有足够的计算机编程的经验。但即便如此，不管你有多少经验，你都不能改变 Windows 或 OS X，因为开发这些操作系统的公司不会给你权限。

接触 Raspbian

你的树莓派使用一个名叫 Raspbian 的操作系统，Raspbian 是一种特殊的具有树莓派风格的从 Debian 衍生出来的系统，Debian 是 Linux 的一种流行版本。

图 2-1 展示出了 Raspbian 的桌面，它有点像老版本的 Windows 系统（加入了明亮的瓷砖背景的 Windows 8 系统之前的版本）。

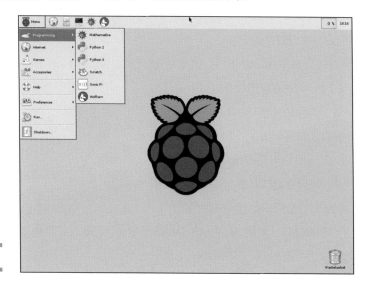

图 2-1

如果你买了一个存储卡并且运行 NOOBS，发现你的桌面是白色的而不是灰色的，这说明你使用的是一个比较老的版本。本书中的大部分内容可以在这一版本中操作，但一些菜单和小工具位于界面的不同位置。所以说，你最好还是删除这个存储卡中的内容，并且安装最新版本的 NOOBS。

Raspbian 也有点像 OS X 的桌面，但是没有扁平的灰色高亮条和一些个性字符。

如果你曾经使用过 Mac 或者 PC 桌面，那么你会对 Raspbian 桌面感到些许熟悉。两者之间会有些不同，在第 5 章中将会涉及这一内容。但是两种桌面也有许多的相同之处，所以你没必要去学习所有新的东西。

Debian 是以 Linux 的两个粉丝——Deb 和 Ian 命名的（仅供了解）。

Debian 之所以如此受欢迎，是因为它适用于基本计算机操作，它不包括 Linux 中的全部新补丁，所以它不会像 Linux 系统的一些版本那样经常发生系统崩溃。

但是它包括所有免费的 Linux 工具和软件。树莓派版本也包含一些免费的游戏。

接触 NOOBS

想要用 Raspbian 设置你的树莓派，你必须使用 NOOBS（New Out Of the Box Software——不能缩写为 NOOTBS, 所以是 NOOBS）。NOOBS 是一个安装操作系统的免费工具。为了正确设置树莓派，请遵循以下步骤。

1. 购买一个包含 NOOBS 的存储卡，或者省下一些钱，遵循本章中的步骤来将 NOOBS 复制到存储卡中。

你可以在本章后面的"在 Mac 中复制 NOOBS"和"在 PC 中复制 NOOBS"中找到关于如何复制的内容。

2. 将存储卡插入树莓派中。

3. 启动树莓派。

4. 按照 NOOBS 所提示的步骤安装 Raspbian。

5. 重新启动树莓派。

6. 开始使用 Raspbian。

你遵循这些步骤后，NOOBS 就隐藏了起来，它仍然在存储卡中，但是你的树莓派忽略了它，并且直接启动了 Raspbian。

如果你用一个特别神奇的键盘组合启动你的树莓派，NOOBS 就会再次出现。你通常不需要这样做。

通过懒惰的方式得到 NOOBS

如果你买的是带有存储卡的树莓派套装，那么它可能在里面已经存有 NOOBS。如果没有，你可以通过在网上搜索"NOOBS"来购买带有 NOOBS 的存储卡。

当你得到了一个带有 NOOBS 的存储卡时，本章的任务就已经完成了，那么就可以跳过本章的剩余部分了。

确保你买到了正确的存储卡，如果你买到了错误的存储卡，它将会与你的树莓派不匹配，这样，你就不能使用 NOOBS 或者 Raspbian。对于 Model A 或 Model B 的树莓派，需要购买一个 SD 卡或者带有 microSD 卡插槽的 SD 卡（如果购买时自带一个适配器，收好它——或许以后可以派上用场）。

通过困难的方法得到 NOOBS

如果你不想买一个带有 NOOBS 的存储卡，你可以自己制作一个。

注意！用 NOOBS 设置一个存储卡，是一件很繁琐的事，你必须做大量的下载、复制、安装和等待。

它不是很困难，但是真的非常无聊。

所以购买一个现成的卡才是个好主意。如果你想自己制作一个，你需要：

- 一台免费 PC 或 Mac
- 一个与树莓派型号匹配的存储卡
- 与你的存储卡匹配的读卡器
- 来自网络的免费软件
- 一个或两个小时

寻找一个 PC 或者 Mac

这个部分很简单，任何使用时间小于 5 年的 Mac 或 PC 都可以。老款可能仍然可以运行，但是对于本章剩余部分的说明，你的计算机越老，产生的问题就会越多。

选择一个存储卡

你需要一个适合你的树莓派的存储卡。A 或 B 主板需要一个 SD 卡或带有 microSD 卡转换器的 SD 卡插槽的 SD 卡,A+、B+ 和 Pi 2 主板则需要一个 microSD 卡。第一章中对如何挑选正确的存储卡做出了说明。图 2-2 展示了在树莓派中可以工作的存储卡。此外, 图 2-2 也展示了与 microSD 卡匹配的 SD 卡转换卡托。

图 2-2

选择一个读卡器

许多 Mac 或 PC 带有前置、背置或侧置的存储卡槽。如果你足够幸运,这些卡槽一或者其中之一可以与你的存储卡匹配。

如果你不是幸运的,你需要去购买或者寻找一个读卡器。图 2-3 展示了一种读卡器。读卡器是一个带有一条 USB 插头的盒子,盒子上有各式各样的存储卡插槽,你可以在网上、在办公用品商店,或者在许多超市中找到它们,它们大概价值十美元。

图 2-3 里的盒子是正方形的,大多数读卡器看起来更漂亮更精美(除了这种又大又方的类型)。

图 2-3

存储卡的种类无法计数（实际上大约有 20 种，所以没那么糟糕）。大多数读卡器都使用 SD 卡，使用 microSD 卡的读卡器并不多。

购买一个与你的存储卡类型匹配的读卡器。否则，你还得把它退回去，再买另一个。

使用读卡器

当使用读卡器时，将读卡器的 USB 插头插入到 Mac 或者 PC 的 USB 插槽中。然后将你的空白存储卡插到读卡器上。它将以外部硬盘的形式出现在计算机中，在 Mac 中的 Finder 或 PC 中的 File Manager 中可以找到。

呃，就是这样，几乎……在你安装 NOOBS 之前，你必须将存储卡格式化。这个神奇的过程使你的存储卡处于准备状态，以便于能和你的树莓派一起工作。

将 NOOBS 安装到存储卡上

无论你是使用 Mac 还是 PC，将 NOOBS 安装到存储卡中的步骤都是相同的，但是一些细节是不同的，你需要按照以下步骤来操作：

1. 下载并安装免费的格式化的软件。

2. 使用下载好的软件格式化（准备）你的存储卡。

3. 下载 NOOBS。

4. 将 NOOBS 中的文件提取到另一个文件夹中。

5. 将文件复制到存储卡上。

6. 将存储卡从计算机中安全退出。

7. 将存储卡从读卡器上拔出。

现在你的存储卡上已经成功安装 NOOBS 了。当你将存储卡插入树莓派中并将其启动时，NOOBS 将会运行，然后你就可以安装 Raspbian 了。

你可能认为做了这么多工作是为了设置一个玩具计算机，确实如此。如果树莓派的制造商当初售卖带有 Raspbian 预安装软件的存储卡，那将会便于后面的操作，那么就可以跳过 NOOBS 的安装，并继续使用你的树莓派。出于某种原因，并不是这样。（哦，好吧。）

你可以通过使用标准的 Windows 和 OS X 工具来格式化存储卡。这个方法通常很有效，但有时也会有差错，所以使用官方的工具是最好的。你可以从一个名为 sdcard.org 的网站来获取信息，进而准备你的存储卡。

下载 SD 格式化程序到 Mac 中

SD 格式化程序只需要下载一次，如果你想要制作更多带有 NOOBS 的存储卡，在你按照以下步骤完成第一张存储卡后，你就可以跳过本节。

1. 打开浏览器并查看 www.sdcard.org/downloads/formatter_4。
2. 向下滚动页面，直到你看到如图 2-4 所示的蓝色下载按钮。
3. 单击下载 Mac 版本 SD 格式化程序的按钮。

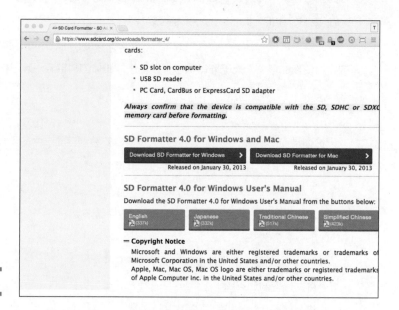

图 2-4

4. 下载 .pkg 格式的文件到你的 Mac。
5. 双击 .pkg 文件，并按照说明安装。
6. 打开 /Applications，找到 SDFormatter.app。

在 Mac 中对存储卡格式化

格式化程序非常易于操作。使用它时，只需更改几个选项然后再单击格式化按钮，遵循以下步骤。

1. 如果你是使用的是外置读卡器，将你的存储卡插入到读卡器中，然后把读卡器插入 Mac 中可用的 USB 插槽。如果你的 Mac 上有内置存储卡槽，把存储卡插入到卡槽中。

2. 双击 SDFormatter.app。

3. 输入密码，然后单击 OK。

4. 图 2-5 所示的窗口出现的时候，从菜单中选择需要操作的存储卡。

在所需要操作的存储卡数量大于一张时，你需要遵循这一步。

图 2-5

如果存储卡没有显示，确保你的读卡器以正确的方式连接，并且确保存储卡插到读卡器的卡槽中。

如果有多个存储卡需要操作——或许你不会弄错，但是以防万一，确保你的选择是正确的。格式化存储卡会将存储卡内的信息永久删除。

5. 在 Name 一栏中输入 NOOBS。

你可以跳过这个步骤，存储卡的名字并不重要，但是命名存储卡可以确保你知道存储卡中的信息。

6. 单击 Option 按钮并在 Logical Address Adjustment 一栏中选择 Yes。

尚未有明确的信息可以解释这一步骤的工作原理，但是选择它就对了。

7. 单击 OK。

8. 选择中下部紧挨着 Overwrite Format 的小圆圈。

严格来讲，这个小圆圈称为 radio button。它并不代表使用收音机（radio 译为"收音机"），这个名称没有任何意义，只是在计算机用语中这么称呼它。

9. 单击 Format 并等待。

格式化一张存储卡大约需要 10 分钟时间。这个时间的长度取决于存储卡的容量、读取速度、天气情况，或许还有月亮的形状等因素。这个格式化程序会有一个进度条，通过它，你可以判断是否有时间离开一会儿，并且在它完成之前做些其他有趣的事情。

10. 当格式化结束后，单击 Close。

现在在你有一张空白的存储卡，并且你已经对它进行了设置，你的树莓派能读取它，现在你可以将 NOOBS 复制到这张存储卡上。

将 NOOBS 下载到 Mac 中

你可以从树莓派基金会网站中获得 NOOBS，如图 2-6 所示。

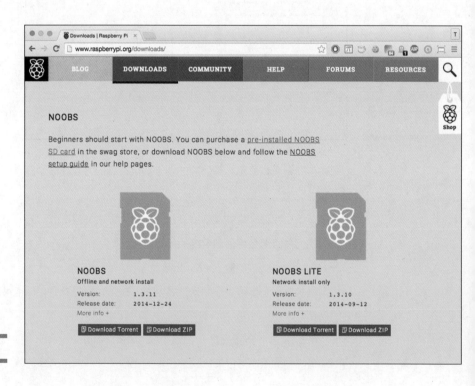

图 2-6

NOOBS 有两种版本，标准版包括 Raspbian，简装版在安装前需要在网络上下载

Raspbian。即使你的树莓派没有连接到互联网，标准版也会工作，所以标准版是更好的选择。

单击图 2-6 所示的 Download ZIP 按钮，将这个文件下载到你的 Mac 中。记住文件下载的位置。

默认的下载位置是用户文件夹中的 /Download，你的浏览器可能会将这个文件下载到其他的位置，这取决于你怎样设置它，它也可能会询问将文件保存在哪里。如果你是幸运的，在浏览器的底部会有一个热键显示文件的位置。如果你不是幸运的，你必须自己寻找文件的位置。

NOOBS 是一个巨大的文件，它足足有 720MB，下载它需要花费很长时间。如果你使用的是缓慢的网络，下载它可能要一夜的时间，特别是如果你家中的其他成员想在白天使用互联网时。

提取 NOOBS 到 Mac

当提取文件时，双击已下载的文件，此时文件已经完成解压。当你双击这个文件，Finder 将会创建一个文件夹，该文件夹会包含所有之前被压缩的文件。

图 2-7 显示了这个过程是如何工作的，打开文件夹后，里面会显示出所有文件，这样你就可以看到被压缩前的文件。

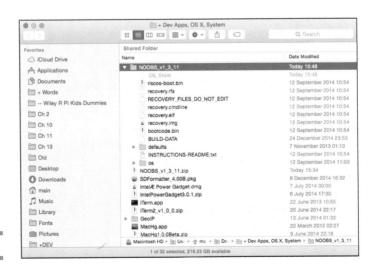

图 2-7

在 Mac 中复制 NOOBS

为了复制 NOOBS 到卡上，你需要打开一个新的 Finder 窗口，并且在窗口中打开存储卡所在的文件位置。它应该会在设备清单中出现，通常 NOOBS 在 Finder 窗口的底部。

选择 NOOBS 文件所在的文件夹，你可以通过按住 Shift 并单击来选择全部文件，把它们从 NOOBS 文件夹拖到 NOOBS 存储卡上。如图 2-8 所示。

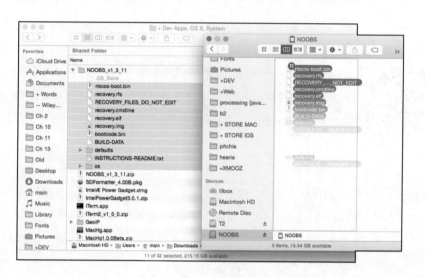

图 2-8

当你释放鼠标时，Finder 将它们复制到存储卡上，单击弹出图标，将存储卡从 Mac 或者读卡器中安全退出。现在你可以把存储卡插到你的树莓派里——在组装完树莓派之后。

不要只是把 NOOBS 文件夹拖到你的卡上！记住是要复制 NOOBS 文件夹里面的文件。当 Pi 启动时，它不知道如何在一个文件夹中寻找 NOOBS，所以如果你复制的是文件夹而不是文件，NOOBS 将不能工作。

将 SD 格式化程序下载到 PC 中

PC 的指令是类似于 Mac 的，但是它们之间存在一些差异。

1. 打开一个浏览器并输入 `www.sdcard.org/downloads/formatter_4`。

2. 向下滚动页面，直到你看到一个如图 2-9 所示的大的蓝色下载按钮。

图 2-9

3. 单击 Download SD Formatter for Windows 选项。

4. 将压缩文件下载到 PC 中。

5. 双击压缩文件。

6. 当文件解压后，双击 setup.exe。

7. 按照说明安装格式化程序。

当你完成所有步骤时，格式化程序的图标将会出现在你的桌面上。

在 PC 上格式化存储卡

在 PC 上运行格式化程序时，所显示出的选项与在 Mac 中显示的相同，但是它们在应用程序的窗口上有些许不同。

当格式化存储卡时，请按照以下步骤进行。

1. 如果你正在使用一个外部的读卡器，将存储卡插入读卡器中，然后把读卡器插到 PC 上的 USB 插槽中。如果你的 PC 中有内置读卡器，直接将存储卡插入内置读卡器上。

2. 双击桌面上的 SD 卡格式化程序图标。

3. 当如图 2-10 所示的桌面出现时，从 Drive 菜单中选择你的存储卡。

图 2-10

确保你选择的分区是正确的。检查 Size 一栏，以确保你不会将 PC 的系统分区格式化。Size 一栏所显示的数字和你的存储卡的容量应该是差不多的。如果你将 PC 的系统分区格式化，你就会毁了你的计算机。这将会是非常糟糕的，你肯定不会希望这样的情况发生。多次检查 Drive 一栏的选项，以保证不会出差错。

4. 把 NOOBS 输入到 Volume Label 一栏。

5. 单击 Option。

6. 图 2-11 所示的 Option Setting 会话窗口中，在 FORMAT TYPE 下拉菜单中选择 FULL（OverWrite）。

7. 在 FORMAT SIZE ADJUSTMENT 下拉菜单中选择 ON。

8. 单击 OK。

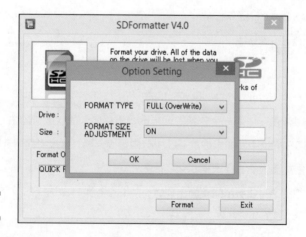

图 2-11

9. 再次检查你所选的分区与你的存储卡的所在的位置匹配，如果出现差错，你可能会将装有照片、邮件以及家庭记录的硬盘分区格式化，所产生的后果是无法挽回的。

10. 如果你已经确认你所选择的分区和存储卡的位置相匹配，单击 Format。

11. 当存储卡格式化时，你可以找一些其他的事情去做。

12. 当弹出格式化完成的窗口时，单击 OK 来关闭窗口。

13. 单击 Exit，退出格式化程序。

下载 NOOBS 到计算机上

NOOBS 不会在意你使用的是 Mac 还是 PC，所以你可以直接访问 www. raspberrypi/downloads 并下载标准版。记住文件下载的位置。

下载完成后，用文件管理器打开压缩文件位置。

1. 在文件管理器中双击压缩文件。

文件管理器新建一个选项卡来显示压缩文件的内容。

2. 打开另外一个文件管理器窗口，选择存储卡分区，然后将 NOOBS 文件夹中的文件复制到存储卡上。如图 2-12 所示。

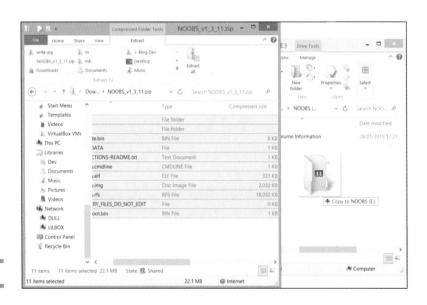

图 2-12

3. 在你的任务栏中，单击向上的小三角。

它通常在键盘图标的旁边。

4. 当有一个选项框出现时，单击其中带有绿色对勾的 USB 插头的图标。

它通常因太小了而看不到，但是图 2-13 应该会给你一个线索。图 2-13 所示的文字会给你另一个启示。

5. 单击列表中里的 EJECT（弹出）NOOBS。

在显示"安全弹出 NOOBS"后，你就可以确定你完成的操作是正确的了。

现在你可以从读卡器中拿出存储卡，然后准备在你的树莓派中使用。

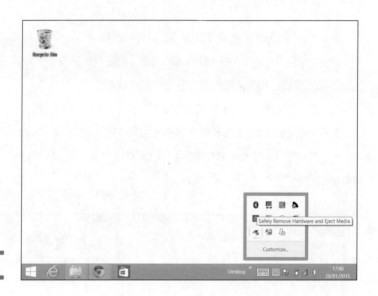

图 2-13

第 3 章
树莓派的连接

　　将树莓派系统连接起来并不难。如果你从来没有动过你的树莓派，你只需要做一次就够了。在那之后，你就可以将一切东西连接起来。

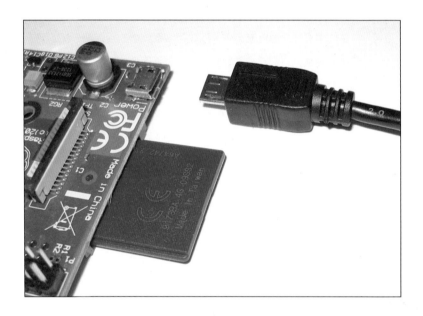

寻找一个空间

　　如果你的树莓派系统做好了准备，并且以有组织的形式等待运行，那么你已经准备好启动它了。（如果不是这样的话，请参阅第 1 章进行核对。）

　　首先，找到一个足够放显示器、鼠标及键盘的地方。你所需要的空间远远比你所想的要大得多，所以要选择你能找到的最大空间。

　　如果你找不到桌子，你也可以把它放置在地板上。放在地板上使用起来不会像放在桌子上那样舒适，但是如果你不久后就能找到一张合适的桌子，那么在起始阶段你可以这么做，而且要记得不要不小心踩到你的树莓派上。

有些人喜欢用厨房的桌子放置计算机进而进行测试，这是因为厨房的桌子又大又平，但是厨房是用来做饭和吃饭的地方，所以你可能无法一直把你的计算机放在那里。如果除了厨房，你在家中找不到其他合适的地方，向家长询问是否可以使用厨房。

找到电源

不，使用树莓派不会使你成为一个英雄，除非你将编程和游戏技能视为超能力。

计算机需要通电来工作，而树莓派系统中的所有部分都需要独立的电源插槽。

一般来说，你至少需要一个，或者是更多的电源插排。在电源插排中，电线的其中一端是插头，另一端是一个有一排插座的塑料盒子。你需要一根足够长的电线，将其从墙上的插座拉到你的办公桌上，你需要为树莓派的所有部分准备足够多的插座，6 个应该就足够了。

如果你没有足够多的电源插排，现在就去找一些吧。（如果你家里没有备用的，你可能不得不买一些。）

在你开始做其他事之前，安放并插好电源插排。如果可以的话，把这些电源插排放在你的桌子附近，这样你就不必开着手电筒在桌子周围艰难地找电源插排了。（最好的情况下，你可能会磕到你的头。在最坏的情况下，你会被邪恶的、可怕的书桌怪物吃了。另外，桌子后面的灰尘也很多……）

在英国，电源插排有时被称为四路插座，因为它们多数都有 4 个插座。（六路和八路电源插排仍称为四路，因为它们的工作原理相同。）一些电源插排有特殊的电子元器件，用于保护计算机的安全——例如——当你的房子被闪电击中时。这些带有额外技能的电源板比普通的电源板贵很多，当然你并不需要它们。（如果你的房子被闪电击中，比起让你的树莓派保持工作，你更应该担心你的房子。）

插入存储卡

首先插入你的存储卡，因为当你没有连接树莓派的其他部分时，这样做更容易。

树莓派有一个奇怪的特点：存储卡插槽在主板的下面，卡超出主板的边缘。它是正反倒置的，插脚在顶部而标签在底部。

插槽的位置使存储卡可以很容易地被插入与拔出，但它看起来不太美观、而且易损坏。

将存储卡插入 Model A 或 B 中

旧的主板有一个可供大 SD 卡插入的大的插槽。开始使用树莓派主板时，确保你的主板中包含所有电子元器件的那一面向上，在进行此操作时电源必须保持关闭。

拿起 SD 卡并把它翻过来，这样你就可以看到在其一端的金属针。将有金属针的一端插入树莓派的主板的插槽，直至插到插槽的底部。

如果它插不进去，请确保金属针在正确的地方，然后再试一次。不要强插进去！

将树莓派的主板翻过来以便检查你的操作是否正确。存储卡和卡槽之间应该是没有空间的，如图 3-1 所示。

图 3-1

现在你可以将树莓派的主板翻转至正确的位置了。

A / B 型号主板的插槽有点类似于半锁定模式。你很容易意外地将存储卡拔出来，这种情况是非常糟糕的。

当电源连接并且有软件运行时，尽量不要移动树莓派的主板！别摇晃存储卡。特别注意，不要在树莓派启动之后再将存储卡插入，或者是当树莓派运行时将存储卡拔出。

如果你这么做了，你可能会弄坏树莓派和存储卡，每个人都会很伤心，你也一样。没有人想要这样的结果。

把卡插入 Model A+、B + 或 Pi 2

把卡插入 Model A+、B + 或 Pi 2，对于比较新的树莓派主板，也遵循相同的步骤。

存储卡及其插槽都要小得多。（请参阅第 1 章，查看存储卡和插槽的外观。）

这个卡插槽很好用。当你把存储卡插入时，存储卡会被锁定，这样你就不会不小心将它拔出来，同时意外振动的问题也被解决了。

如果你需要把卡拔出来，关闭树莓派的电源并且断开外部的电源，轻推存储卡以便其解锁，之后就可以将它拉出。

与显示器或者电视连接

要连接显示器或电视，把显示器或电视放在靠近你的书桌后方的位置，然后将它转过来，这样你就可以看到后面的连接器了。

如果你读了第 1 章，你就会知道你有两个选择。供树莓派与屏幕连接的电线的一端通常会有一个 HDMI 连接器。

另一端需要一个 HDMI 接口或 DVI 连接器，这将根据你的屏幕 / 显示器 / 电视来决定。

使用 HDMI 到 HDMI 连接线

如果你的显示器有一个 HDMI 插口——你可以通过插口上标记的 HDMI 来识别——将你的 HDMI 连接线的一端插入显示器的 HDMI 插座，将另一端插入你树莓派的 HDMI 连接口。

图 3-2 显示了一个 Model B 主板。HDMI 连接线的一端是自由的，这样你就可以看到 HDMI 连接线是什么样的。这一端用来连接显示器。

图 3-2

另一端具有相同的连接头，用于插入树莓派主板背面的 HDMI 插口。

Model A+/B+/2 主板的连接器看起来是相同的，并以同样的方式工作。它们差不多在主板上的同一个位置。

照片中间的金属盒是以太网 / 网络连接器和 USB 插槽。如图 3-2 所示，它们出现在图中，并不是因为它们和 HDMI 之间有联系，只是在给 HDMI 插口和它的连接器拍照时，不将它们同时拍进镜头中几乎是不可能的。但你可以免费地近距离观察它们，这也不是什么坏事。

使用 HDMI 到 DVI 适配器口的连接线

如果你的显示器有一个 DVI 插孔，你需要一个 HDMI / DVI 适配器电缆。（第 1 章有更多的细节介绍。）

图 3-3 显示了一张照片，与图 3-2 原理相同。HDMI 端插入树莓派的 HDMI 连接器上。另一端插入显示器，这时插头会有轻微晃动。

图 3-3

需要注意的是，HDMI 插头不需要额外的配件，你把它插进去，它会自动锁定。

如果你把一个 DVI 插头插入显示器，它总是会掉下来。

看到 DVI 插头上的螺丝了吗？看到插头后面的手拧螺栓了吗？在 DVI 插头的两侧都有螺丝。你必须把它们紧紧地拧好，以防止插头脱落。

打开显示器电源

当你把所有东西连接好的时候就可以打开显示器电源了，把电源插头插入显示器 / 电视，并把插头插到电源插座上。

这时就可以打开显示器的电源了。（它暂时不会显示出一些有趣的东西。）

连接 USB 集线器

如果你有一个 Model A 或 Model B 的树莓派主板，你需要一个 USB 集线器。（第 1 章也有 USB 集线器的全部细节介绍。）

如果你有一个新的 Model A + 或 B + 的树莓派，你可以跳过这一步，因为即使没有 USB 集线器，它也可以很好地工作。

集线器的形状和大小各不相同。有些是圆的、平的，有些是三角形的，有些是盒子的形状，也有一些像动物、植物，或者像人。

所有类型的集线器都在其顶部或侧面有一些 USB 接口和一个电源插口，如图 3-4 所示，还有一个单独的 USB 插头。你应该持有一个带有独立电源供应的集线器。（如果没有的话，请参见章节 1。）

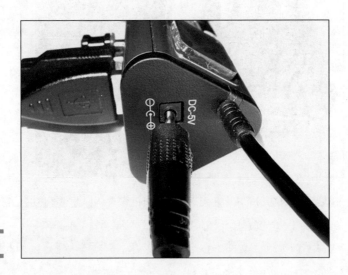

图 3-4

将 USB 插头插入你树莓派的一个 USB 接口上。不管哪一个接口，它们的作用都是一样的。

接下来，把电源插头插入 USB 的电源插口上。一些集线器上有一条固定的电源线。

如果你的集线器是这一类型的，那么你就不必担心了。

其他类型的集线器有单独的电源插座（大约有 15 种不同的类型）。将电源线插入与 USB 集线器所匹配的电源插口中。

这样，一切准备就绪。

电源插口常标有类似于 5V DC（直流）的标签。有时会有示意图给出插头／插座的详细信息。而 USB 接口上没有这些标识。有一些特殊配件上还会有圆圈、盒子和箭头图案组成的弯曲图标。

如果你使用一个集线器和一个 Model A／B，通过集线器连接所有USB配件，包括键盘、鼠标和与 Wi-Fi 插头有关的部件。除此之外，不要将其他任何插头插到集线器上！如果你这样做，它将耗尽所有的电，从而停止工作。

连接键盘和鼠标

把键盘和鼠标连接到你的树莓派是很容易的。在 Model A+/B+/2 中，将键盘上的 USB 插头插到 USB 插口中，然后以同样的方式连接鼠标。

对于 Model A 或 B，将键盘和鼠标插头插入到 USB 集线器上，就如前一部分所说的那样。

当你增加了一个鼠标、键盘，或者一个集线器时，你的桌子将会布满混乱的电缆。将电缆捆绑起来是一个好主意，这样就保持了布线整洁。

连接到互联网

大多数家庭都有一个路由器—— 一个连接到互联网的盒子。大多数路由器至少有一个备用的以太网插口。

要将你的树莓派连接到互联网上，先将你的以太网网线的一端插入树莓派的以太网接口上。（以太网的接口是大的接口，而不是 USB 接口。）

将另一端插入路由器，如图 3-5 所示。所有的路由器都是不同的，所以你的路由器可能不像图中的这个。网线也会有些许不同。有些是圆的、厚的，有些是扁的和薄的（大多数不是圆而薄的，但终归是有的，只是很少）。

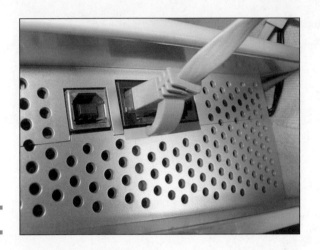

图 3-5

即使是这样，接口也总是相同的。

接通电源

图 3-6 展示了一个典型的电源适配器，在第 1 章中介绍过，这是用来插入英式电源板的。（美国电源板带有圆孔，而不是矩形的孔。否则，两者之间没有差别。）

图 3-6

一些树莓派的电源适配器有一个或两个 USB 接口。其他的只是在适配器末端有一根电线。

它们都或多或少以相同的方式工作。插入适配器，它就可以开始工作。

如果你的适配器有两个插口，不要使用另一个插口！你的树莓派想要它能得到的所有电源，它并不喜欢分享。

图 3-7 展示了电源适配器另一端的工作方式。这种电缆需要额外的 microUSB 接口连接器，把电缆连接到树莓派主板的 microUSB 插口上。

只是为了迷惑你，这种小的 USB 插口有很多种类型。一个 miniUSB 插头看起来和 microUSB 插头很相似，但是它不能在树莓派上使用，即使你把树莓派主板或者连接器弄坏，两者也无法连接。确保你使用正确类型的数据线，上面有一个 microUSB 插头就可以。

在 Model A / B 中，接口在靠近存储卡的一个边缘的地方。在 Model A + /B + / Pi 2 中，接口则在主板的顶部，紧挨着 HDMI 连接器的地方。(或者如果你将树莓派的主板翻转，可以发现它就在下方。)

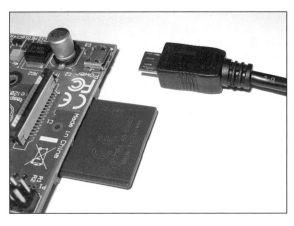

图 3-7

如果你在近处看树莓派主板，你会看到电源接口在 Pi 2 主板上标记的是 PWR IN，在 A+/B+ 主板上的是 PWR，在 A/B 主板上的是 POWER，尽管这些字母写得很小！

树莓派中没有电源开关！这是为了尽可能降低树莓派成本，同时节省主板的空间。

你已经做好准备来启动你的树莓派了，做得漂亮！但现在不要这样做！在你启动之前你需要知道更多关于树莓派的设置和如何断电的知识。

microUSB 的接口不是很牢固。如果你将数据线一直插插拔拔的，接口就会损坏。最好是插上插头，从你的电源插板上拔下电源适配器，而将数据线的 microUSB 端一直插着。另一个选择是用一个一头是 USB 接口，另一头是 USB 插头的延长线，把一端永久插入适配器，另一端插入树莓派，当你需要的时候，在中间连接插头 / 插座。

第 4 章
连接电源并开始使用

初次使用树莓派将会是一个令你激动的开始，但是在你开始使用它之前，你还要做一些额外的工作。不要担心——这些工作并不是很难，而且你只用做一次就够了。

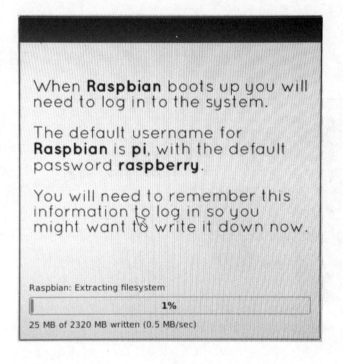

启动树莓派

如果你已经完成了第 3 章的所有步骤，你就可以准备启动你的树莓派了。（ 如果没做好准备，请再次阅读第 3 章。）

1. 将电源插头插入电源插座。

如果插座 / 四路插座插排 / 电源插排有独立的开关，先确定它们是开着的。

操作时注意生命安全！屏幕上应该会出现一些东西。如果你正确地启动了 NOOBS，你应该能看到像图 4-1 一样的选项列表。

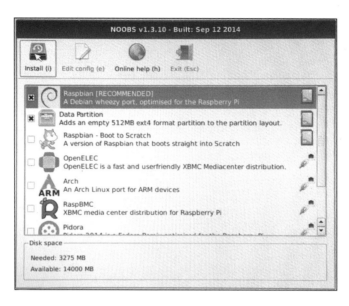

图 4-1

图 4-1 和图 4-2 比在屏幕中的实际显示模糊，这是因为它们是用一台 iPhone 6 的摄像头拍摄的照片。想要在 NOOBS 中得到屏幕截图不是一件容易的事。

2. 当你看到屏幕，使用鼠标——你已经记得把它插上了，对吗？单击顶部的两个复选框。

你所需要单击的是 Raspbian [RECOMMENDED] 和 Data Partition 两个部分。

3. 单击左上方的安装（Install）按钮，或者按下键盘中的 i 键。

4. 当树莓派询问你是否想要重写存储卡，并且附加上一堆技术方面的废话时，你只需单击 Yes。

（重写存储卡是很好的、的确是这样。）

你将看到如图 4-2 所示的屏幕。树莓派开始安装 Raspbian 软件。如果你没有别的事要做，你可以看着屏幕底部的进度条。它需要 10～15 分钟完成，所显示的信息并不都是有趣的，所以你可以在等待的空隙去做一些其他有趣的事。

5. 请注意这个屏幕上的详细信息——用户名为 pi 以及密码为 `raspberry`。

当你开始使用你的树莓派时，你会需要它们。如果你忘记了用户名和密码，你将不能使用你的树莓派，这将是非常糟糕的。

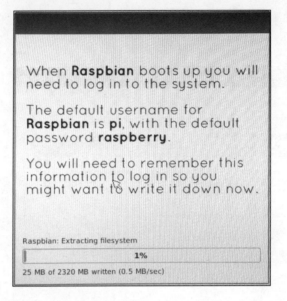

图 4-2

引导 Raspbian

在 NOOBS 安装结束后，你的树莓派将会自动重启。在这一次启动过程中，机器不会启动 NOOBS 软件。它将启动——技术上应该称为引导——Raspbian 程序。

它被称作引导，这是通过开机设定自己启动的简称，这种引导程序在计算机出现之前被称作启动顺序。

NOOBS 软件消失了吗？从现在开始，差不多就是这样。如果你在树莓派进行引导时没有单击其他的东西，你将看到 Raspbian 程序。

Raspbian 的引导顺序在屏幕上显示的内容比 NOOBS 的多得多。你会看到一个 Raspbian 所有进行中的操作的列表，而且非常详细，如图 4-3 所示。

你不需要去关注这些顺序，或者是记住它，也不用在意它——虽然它看起来有一点酷。

如果你不是一个使用 Linux 的专家，你可以通过阅读 Raspbian 列表滚动时的信息学到一些关于 Linux 的设置与状态的知识。（"哦，看——键盘刚刚连接。"）

即使你只是一个新手也没有多大的关系，没有一件事是必不可少的。

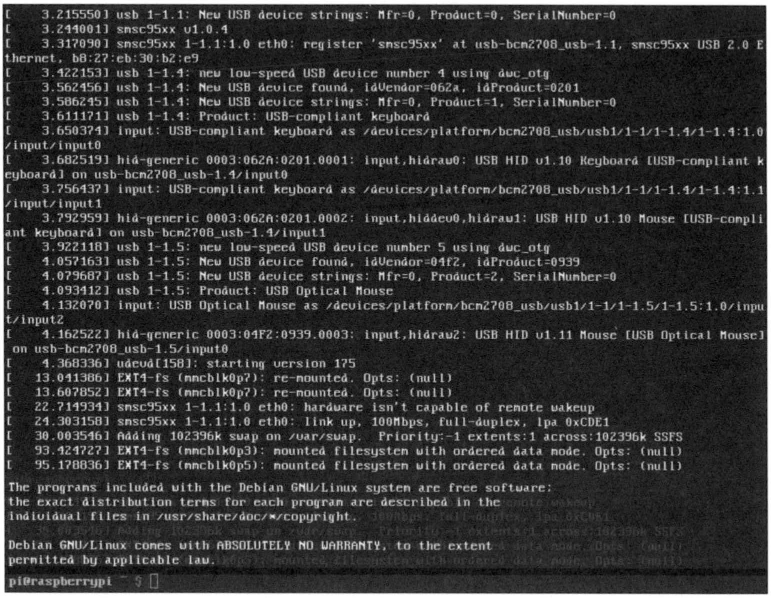

图 4-3

当所有的滚动停止时，重要的一步出现了，你会在最后看到一条关于 Debian/Linux 的信息，下面是一行绿色和蓝色的文本，看起来像这样（不含颜色）：

```
pi@raspberrypi ~ $
```

之后，你可以看到一个闪烁的绿色矩形框。

这是 command prompt（ 指令提示）。因为树莓派是一种老式的计算机，你需要通过在键盘上输入指令来告诉它要去做什么。

鼠标？不。菜单？额……通过键盘输入就够了。

提示会告诉你树莓派正在等候你的指令，同时也会告诉你，你在树莓派中的名字叫 pi，这台计算机叫 raspberrypi（ 树莓派 ）——只是为了防止你忘记这些信息。

有些命令需要一段时间的运行后才能生效。如果你看不到提示，键入一个命令是没有意义的。树莓派依然在思考你告诉它的最后一件事，它还没有做好准备去做其他的事情。

你可以在第 5 章、第 10 章和第 11 章中找到更多关于指令提示和 Linux 指令的知识。

配置你的树莓派

这一节实际上只介绍一个指令，但是这个指令是非常重要的。你可以使用这个命令在你的树莓派中更改重要的设置——有时被称为改变/设置配置。

输入下面的指令，然后按回车键：

sudo raspi-config

确保你使用的是小写字母，而不是大写字母，并且在两个词之间使用减号（也被称为连字符）来连接。

不要添加任何额外的空格或者忘记在 sudo 和剩余指令符之间添加空格。

当你在指令行中键入指令时，它们必须 100% 地正确。你不能犯任何的错误——没有额外的字母，没有额外的空格，没有错误的字母，当你应该使用小写字母时不要用大写字母。否则，树莓派将不能理解你的指令。

使用安装选项

如果你没有犯任何错误，你将会看到一个如图 4-4 所示的屏幕。这时的屏幕是一个菜单。它看起来像在 Mac 或者 PC 中见到的下拉菜单，而且会给人一种难以操作的感觉。

你不能用鼠标单击任何东西，而是必须通过键盘上的上下箭头来选择它们，然后再按下回车键来确认你的选择。

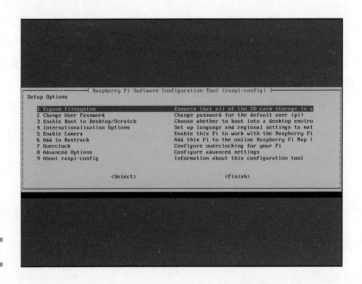

图 4-4

现在试试吧。按下向下箭头，红色高亮条移动到下一个选项。按向上箭头，红色条向前一个选项移动。

当要使用下方的两个选项——此屏幕中的 <Select> 和 <Finish> 时，在其他的界面上你会看到其他的选项——用左、右箭头来选择它们，然后按回车键来确认你的选择。

如果你不是通过 NOOBS 软件来创建 Raspbian 的，首先选择 1 Expand Filesystem，然后按下回车键，接下来按照说明操作。

否则，往下移动红色高亮条到 4 Internationalisation Options，然后按回车键。

安装程序选项中的选项在不断变化。你看到的列表可能和在本书中看到的列表不完全相同。如果你不知道有些选项是干什么的，不用管它们！

设置区域

当你选择了 Internationalisation 选项后，屏幕会变为如图 4-5 所示的样子。

1. 再次按回车键来设置区域。

这时的屏幕会变回指令提示的模式，这时的你会开始担心自己是不是犯错了。

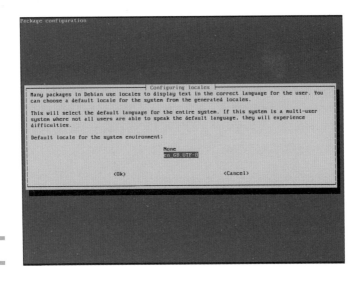

图 4-5

你并没有犯错。本地配置页面需要几秒钟来加载。直到页面出现前都不要惊慌。（不管怎么样，都不要惊慌，一切都在正常运行。）

Locale 在一定程度上代指你居住和工作的地方，但听起来更智能化。这是一个语言设置，它改变程序中的语言和表达方式，以便你使用。很多软件都会忽视它，但是你仍可以设置它。

你会看到一个红色盒子，它紧挨着标记为 All locales 的选项。

2. 按下回车键。

你将看到另一个如图 4-5 所示的界面。

3. 确定你选择的是 en_GB.UTF-8，然后再次按回车键。

Local 窗口会消失一段时间，树莓派此时正在思考一些事情，最终将回到你在图 4-4 看到过的界面。

你的树莓派现在使用的是英式英语。

为什么你不能把它设置成美式英语？因为在当前版本的软件中，你没有选择。这就是所谓的 bug——软件中的错误。

这个 bug 可能会在以后的版本中得到修复，所以在你按下回车键之前，可以尝试使用向下箭头键来将红色的盒子从 All locale 上移开，看看它是否有所改变。如果你是在美国的话，把它滚动到 en-US.UTF8 UTF8。

UTF8 是通用转换格式字符集的缩写。它看起来不像是有足够的字母，但它确实有这么多的字母。UTF 是一种在计算机上设置文本的方式，使计算机可以显示符号和其他语言中的字母。它非常复杂，让程序员新手哭泣哀号，在这里就不多说了。

理解时区

你的树莓派需要知道时间。当你启动它的时候，它会通过因特网来知道时间，所以你不用特别地设置小时、分钟、秒，或者日期。但是你需要告诉它你在什么地方，以便于它能够调整时区。

如果你是在美国，你可能已经知道自己所在的时区了。如果你是在英国，你也许知道夏令时。你可能知道或不知道欧洲以及其他地区的时间。

时区是这样工作的：地球是圆的，它在不停地旋转。所以如果你把太阳比作一个时钟，地球的每一个地方的时间都是不一样的。在一些地方，太阳在头顶上。在另外一些地方，太阳正在升起；还有一些地方，太阳将要升起。而对于世界的另一半地区，这时候是晚上。

如果每个人都使用相同的时间，这将会很方便，但这没有意义。因为对一些人来说，下午 3 点是清晨；对其他人来说，它仍然是晚上，或中午，或黄昏。

为了解决这个问题，人们发明了时区。它有一个参考时间，由一条通过伦敦附近的格林尼治的线将其分为两端。这就是所谓的格林尼治标准时间。

这条标记格林尼治标准时间的线是皇家博物馆的一部分。这个博物馆有望远镜和一些旧卫星，以及其他一些有趣的科学物品。在晚上，这条线是由一条横跨伦敦的激光线标记的。如果你在英国的话，这是一个非常值得参观的地方。

以格林尼治时间为准，其两侧的不同地区有不同的时差。在美国，东部各州的东部标准时间落后格林尼治标准时间 5 小时。所以当英国是下午 6 点时，纽约是下午 1 点。北德克萨斯州、路易斯安那州和亚拉巴马州的中部标准时间落后 6 小时。然后还有山地时区（7 小时）和太平洋时区（8 小时）。

还有两个时差更大的地区，是阿拉斯加（9 小时）和夏威夷。

另外一个方向，欧洲一些国家的时间比格林尼治标准时间提前了一小时，然后再向东变成提前 2 小时、提前 3 小时，最终当到了新西兰时，则提前了 13 小时。

这有什么意义呢？当地的时间是根据太阳的位置决定的。当中午时，太阳在头顶；当午夜时，天空是黑的。但是区域间仍然分享着一个标准的时间，所以当你所在的地方是中午时，你的朋友所在的地方也是中午（除非你在整个因特网上都有朋友）。并且你不用提前或者推迟一个小时去学校。在大多数情况下，这是一件好事。

如果你想了解更多的话，在网上搜索一幅时区图。许多地区的边缘由于技术和政治的原因，时区线是曲线。但是你仍然可以找得到时间相同的一大块地区，并且得出其与格林尼治标准时间的时间差。

设置时区

为什么要为你的树莓派设置时区？因为当你的树莓派启动时，它从因特网上获得日期和时间。它也会自动地调整一个小时来抵消夏令时。

但是它依然需要知道你的时区，因为树莓派不知道那时的你在哪里。

要设置时区，按上 / 下箭头键，在 Internationalisation Options 选项中的 Change Time Zone（更改时区）选项中做选择。然后按回车键。

接着就是等待时区选项加载，这常常会花费你较多的时间。

设置时区的简单方法是在图 4-6 所示的列表中选择你所在的地区。使用上/下箭头键来突出你所在的地区，然后按回车键来选择它。然后向上或向下选择城市（假设你选择欧洲）或者是时区（假设你选择美国）。

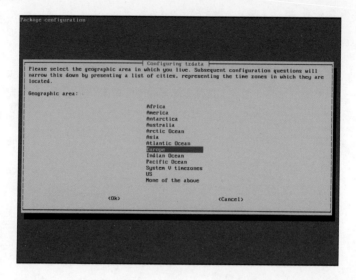

图 4-6

你没有必要选择最靠近你的城市，只要选择在同一时区的城市就可以。对英国来说，选伦敦就行了。按下回车键。

对美国来说，你看到的是所有常见的时区和一些你可能没有听说过的地方，像斯塔克县。（印第安纳州）。选择你所在的正确时区。如果你不确定的话，可以去问问家长。然后按下回车键。

树莓派设置完时区后，会回到主设置选项页。

了解键盘布局

键盘配置的选项可能会让你发疯。如果你可以使它工作还好，但是如果它无法工作，你可能需要另外一个键盘。

问题是，键盘上安排字母的方法不止一种。键盘布局并不是标准的。还有一些半标准的键盘布局，但是它们不是 100% 只针对一类使用者的。

所以你需要告诉树莓派你的键盘布局。如果你选择了错误的布局，当你在使用键盘时，键盘上的字母与屏幕上出现的字母将不相同。

例如，如果你输入一个 @ 来写一个电子邮件地址，你得到的却是一个 "。

如果你的键盘选择是非常错误的，你将无法键入一些字符。

垂直斜线字符（也被称为管道符）的使用是一个棘手的问题。它对于 Linux 指令是非常有用的，但是一些键盘中没有它。解决这个问题的唯一办法是使用不同的键盘。

设置键盘布局

下面是设置键盘布局的步骤。

1. 选择 Internationalisation Options 选项，然后选择选项 3——轻松改变键盘布局。

在漫长的等待后——它总是要花费比你所想的更多的时间——你将会看到如图 4-7 所示的一个窗口。这是一个长长的关于键盘的清单，来自各个键盘和计算机的制造商。

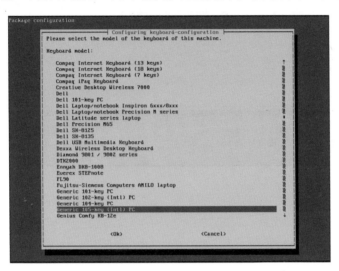

图 4-7

这个列表中的很多东西都是多余的。一些名称像 Amiga 和 Atari TT，是过去的计算机类型。

2. 要选择一个布局，上下移动红色高亮条，直到你看到与你键盘相匹配的名称。

如果你不知道你键盘的名称，在英国的话则选择 Generic 105-key（Intl）PC 选项，在美国的话则选择 Generic 104-key PC 选项。

3. 按下回车键。

4. 在下一个窗口，选择 default option（默认选项），这是计算机为你做出的选择——除非你有一个 Mac（美式）或 Mac International（英式）键盘，在这种情况下，不要选择默认选项。

接下来最好的选择是 Extended winkeys，但是暂时先不要选。

5. 按下回车键。

图 4-8 显示的是另外一个窗口。大多数键盘都有一个特别的 AltGr 标记，用于打印

带有口音的非英文单词，以及其他的花体字。

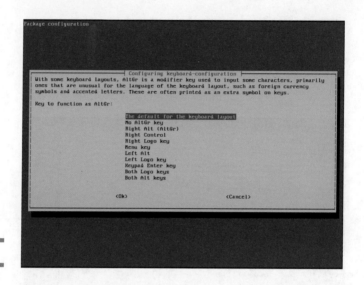

图 4-8

6. 选择 The default for the keyboard layout（键盘布局的默认选项），除非你已经尝试过它，而且它无法工作。

这里有太多的可能性。最聪明的选项就是按下回车键来选择"The default for the keyboard layout option"（键盘布局的默认选项），如果在选择该选项之后，敲击键盘所得到的字母和键盘上标注的字母仍旧不符，返回到此界面，然后选择其他选项试试。

你也可以在下一页中选择默认选项。它为一组不同的复杂的键盘序列选择一个按键，来获得更广泛的字符选择。

7. 如果你在英国或者是美国，忽略 AltGr/Compose 的问题。

你可能不会在树莓派中用法语或波兰语写电子邮件。但是如果你需要这样做，或者你搬到了法国或波兰，你可能需要找一个当地的专家来重新做一切设置。有些专家用计算机工作了很多年，但是仍然不知道如何解决这一问题。

8. 最后，对于 X 服务的问题选择 <No> 选项，然后按下回车键。

等待树莓派进行键盘映射。

9. 选择 <Finish>（完成）选项，使用右 / 左箭头，按回车键——尝试使用键盘键入一些不常见的字符。

如果 @、"、~、#、£/$ 这些字符都能键入的话，就大功告成了。

10. 如果所有的字符都不能键入，使用 `sudo raspi` 配置指令回到 Internationalisation Options 和 Keyboard Configuration，选择一个不同的键盘布局。

经过以上一系列的处理后，如果还不行的话，请购买其他布局的键盘来重试。

设置高级选项

你现在可以使用你的树莓派了。它应该可以工作了。如果你想要改变任何设置的话，可以再次运行 `sudo raspi-config` 指令。

如果你想的话，也可以更改一些高级设置，但你也可以忽略它们。

设置超频

最初的树莓派并不是一台运行速度快的计算机。树莓派 2 速度更快了，但是仍然没有一台 Mac 或一台 PC 快。

你可以通过设置超频使你的树莓派运行得更快。超频就像是在一辆轿车里踩下油门。在计算机里，时钟每秒运行几亿次。当你超频时，时钟运行的频率更快，一切都会运行得更快。

计算机有两个时钟。一个是负责硬件运行的快速时钟，它不会告诉你时间，它只是不停地"滴答滴答滴答"，以很快的速度运行。还有一个是时间和日期时钟，有时被称作实时时钟或者 RTC。

树莓派没有真的 RTC。它设置了一个假的 RTC——在技术规格上则称为 Fake RTC——它是从互联网上获取时间的。如果没有连接互联网，它就加载所记忆的最后的时间。这个时间总是错误的。所以，树莓派工作时必须连接互联网。

但超频有一个限度。如果你的树莓派超频太多的话，从字面上来说——它会熔断，就是停止工作。在这种灾难性后果发生之前，你的树莓派会渐渐变得不可靠。在轻微超频时，它有时会停止运行，但是当你重启时，它似乎依旧可以正常工作。

设置超频：

1. 在 Setup Options(设置选项) 中选择 Overclock(超频选项)，然后按下回车键。

2. 再次按下回车键，跳过严重警告的信息。

3. 选择你的超频选项。

这里有 5 个超频选项，如图 4-9 所示。中等超频可以在不太危险的前提下，给你足够的速度，让你体会不一样的感觉。

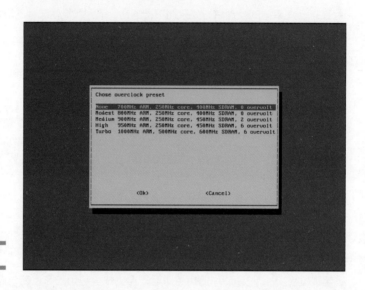

图 4-9

如果你把你的树莓派放在通风不好的地方，不要选择 High 或者 Turbo 选项。尤其是 Turbo 选项，它需要一个散热器——就像汽车中的冷却器，但是比那个小一点——可以固定在树莓派主板下方，一个小风扇也可以达到同样的效果。

如果你不是很着急使用树莓派的话，对于基本使用，任何一种超频都会对主机产生一定的影响。但是树莓派在做一些工作时的确很慢，例如浏览网页。轻微超频可以解决这一问题。

因为树莓派很便宜，即使你弄坏它，也不会像世界末日来临一样。它会打乱你的预算，但是比起弄坏一台 Mac 或者是 PC，扰乱的程度会小得多。如果你有足够的预算，可以尝试一下超频所带来的体验。

设置高级选项

图 4-10 显示的是 Advanced Options（高级选项）菜单。要查看它，在 Setup Options（设置选项）菜单中选择 8 Advanced Options（高级选项），你可以忽略大多数选项，但是有一些选项可能是有用的：

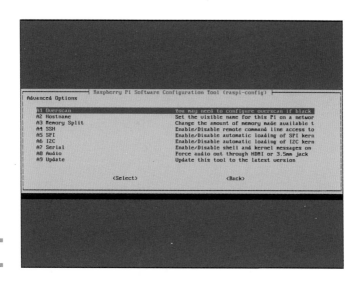

图 4-10

✏️ 如果屏幕图像对你的监视器来说太大或者太小的话——例如，如果你看见屏幕图像周围的黑边时，改变重显率（overscan）。对于这种改变，没有特定的规则。尝试不同的设置，直到你找到一个适合你的重显率。

禁用（关闭）重显率是一个好主意。NOOBS 让树莓派显示一条黑边，这在大多数屏幕上是浪费空间。关闭重显率来删除黑边。

✏️ 如果你想为你的树莓派改一个不同于其他机器的名字，可以更改主机名。如果你的主机名是一个字母，你就会在指令行中得到更多的空间来输入指令。当然，你也可以忽略这个设置。

✏️ 如果你想让你的屏幕显示更大的东西，或者你想玩更复杂的游戏，你可以更改记忆分辨率。你可以把它提高到 256。默认的设置可以让简单的游戏在一个较小的显示器上轻松运行。

你可以忽略其他的设置。你只有在将树莓派连接到特殊硬件时才用进行其他的设置。如果需要这样，与硬件配套的手册通常会告诉你要怎么做。

完成设置

当你做了试验性设置时，使用左 / 右箭头键选择 Finish（完成）并按下回车键。如果你改变了任何重要的设置，你的树莓派将会重启。

这一切完成后，你将回到带有绿色矩形提示的指令行。

关闭或重启树莓派

这一节比它看起来更重要。实际上，它非常重要，所以不要忽略或者是跳过这一部分。

你不能通过拔掉电源插头或者是关掉主电源来关闭你的树莓派。

或者更确切地说，你可以这样做，但是你不能经常这么做——除非在极其特殊的情况下。

Linux 操作系统在工作时运行许多程序。在计算机的世界里，它将旧的衣物随意地扔在屋子里，在桌子上留下一堆用过的盘子，换句话来说，就是留下了一大堆麻烦。

你不能看到这一景象，因为它发生在存储卡里。但是这种情况一直存在，所以你需要经常进行清理。

即使你关掉了电源，这些麻烦依旧会存在，并且在每一次使用完树莓派之后，它们会变得越来越多。

但是当你关闭或者重启树莓派时，Linux 在关闭时会清理垃圾。它需要相应的指令才会这样做，让它清理垃圾的指令十分简单。

要重启你的树莓派，输入下列指令并按下回车键：

```
sudo reboot
```

你的树莓派会清理之前产生的垃圾，关闭，然后自己重启。当它完成后，你将会看到指令提示。

当你用完树莓派之后要关闭它时，输入下列指令，然后按下回车键：

```
sudo poweroff
```

你的树莓派清理了垃圾，但是这一次它关机了，并且保持关机的状态。当树莓派主板上的指示灯停止闪烁，或者你的显示器／电视黑屏后，你就可以把电源关掉。

树莓派主板上有一个红色的电源灯。即使在主板电源关闭后，它也会闪烁一段时间。在你关机后，查看指示灯是否还在闪烁，如果没有，则表示树莓派已经关机，这时你就可以把电源关掉了。

第 5 章
使用桌面

使用树莓派的最简单方法是打开内置的桌面。树莓派的桌面的样式和操作方法和其他的计算机桌面一样。它和 Windows 操作系统或 Mac 的桌面不一样，但又极其接近。因此你不必学习一整套新的使用计算机的方法。

开始使用桌面

当需要显示桌面时，在启动树莓派后，输入用户名和密码"raspberry"来登录树莓派，当美元符号出现时输入 startx 并按下回车键。

　　树莓派将会加载它的桌面应用程序，这需要一段时间，最终你看到如图 5-1 所示的屏幕。现在，你可以单击鼠标来进行打开、拖动、调整和关闭窗口、启动应用程序等操作，并且可以做所有你通常在其他类型计算机的桌面上做的事情。

图 5-1

　　在树莓派中，桌面应用程序叫作 LXDE，这是 Lightweight X11 Desktop Environment 的缩写。在理论上，你可以使用不同的桌面应用程序。GNOME 和 KDE 是两个很受欢迎的选择。它们与 LXDE 外观不同并且有更多的功能，它们在树莓派上会很难操作，因此这本书中继续用 LXDE。它已经安装在树莓派上，并且运行得很好。

使用旧版本的桌面

　　如果你有旧版本的树莓派软件，你可能会看到如图 5-2 所示的屏幕。这是旧版本的桌面，它有相同的工具，但有些在不同的地方。

　　旧版本的桌面更容易理解，像 Scratch 和 Python 这些重要的应用程序的图标都在显眼的地方，双击它们就能启动程序。

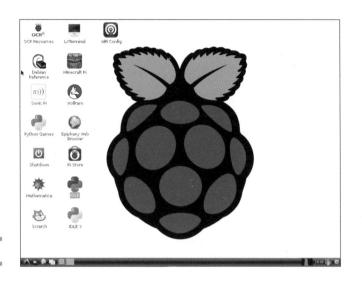

图 5-2

在新版本中，你可以通过单击左上方的菜单看到相同的东西。Scratch、Python 在 Programming 菜单中，单击就能启动。

不要因为它们的差异而烦恼，这两种桌面都有相同的选项。这本书中使用的是两种版本的混合版，所以你可以同时适应两种版本的桌面。在将来桌面可能还会有所改变，因此有时了解会变化的东西是好的。

 你可能会更喜欢旧版本的桌面，不幸的是，如果你的树莓软件安装了新版本的桌面，你就不能切换到旧版本的桌面。如果你想要旧版本的桌面，你必须找到并安装旧版本的 NOOBS，如果你这么做，你会错过一些很酷的更新。

熟悉桌面

桌面上的东西都是做什么用的？桌面被分成两个主要领域。

- 任务栏
- 桌面区域

找到任务栏和桌面区域

任务栏上有时钟、图标、菜单和带有百分比符号的图标，我将在后面的"使用活动监视器"部分进行进一步解释。

在旧版本的桌面上,任务栏在屏幕的下方。而在新版本的桌面上,任务栏在屏幕的上方。

在旧版本的桌面上会有一些应用程序的图标,而在新版本的桌面上只有一个垃圾桶的标志。

通过窗口进行操作

当你打开一个窗口时,它会出现在桌面上,这时你可以拖动窗口、调整其大小以及做一些基本操作。

若要拖动一个窗口,你需要单击顶部包含名称或描述的彩色区域。因为它看起来像是一条带有标题的条形,所以被称为标题栏。

你可以单击任何窗口的边缘并拖动它,你也可以通过单击右下角将窗口放大或缩小。

在窗口的右上方有3个小按钮,它们的作用分别是隐藏窗口、使窗口最大化、关闭窗口。

有时关闭一个窗口就相当于退出一个程序,如果一个程序有多个窗口——有一些会有,有一些就没有——你需要使用"File → Quit"来退出。

当你打开一个窗口时,在任务栏中就会创建一个标签;当你隐藏一个窗口后,你可以单击任务栏里的标签来再次显示窗口。

图5-3显示了一个有几个窗口和标签的桌面,除了一个窗口,其余的窗口都是隐藏的。

图 5-3

这叫技术支持

它之所以被称为桌面，是因为窗口是有点像一张在真正的木桌上工作的纸。当然，你不可能拖动纸的一角，使它放大或缩小，并且你不能在纸上运行应用程序，你也不能最小化纸张，以把纸藏起来。但除了这些，它真的有点像在真正的桌子上的纸。

使用任务栏

单击任务栏菜单，你可以看到含有各种应用程序和功能的子菜单。如果你已经使用过Windows PC 或 Mac 的桌面，你大概能猜出其中一些子菜单的功能。

任务栏还具有快速启动图标，它们得到特殊的处理。桌面区域的图标经常隐藏在打开的窗口后面，这使得它们很难使用，但你可以随时看到快速启动图标。

这是新版本桌面快速启动图标的列表：

- Epiphany 网页浏览器
- 文件处理器
- LXTerminal
- Mathematica
- Wolfram 语言

这本书对最后两项没有作太多说明，它们是为那些需要得到高中和大学数学方面的帮助的老版本树莓派用户所提供的。

但你需要知道如何使用列表中的前三项，从而从树莓派桌面上获得最有价值的东西。

使用快速启动图标

单击一个应用程序的图标就能快速启动它。你的树莓派将会启动这个应用程序，并在桌面上出现该程序的窗口。

桌面上的窗口都以相同的方式工作。

开启 Epiphany

Epiphany 如图 5-4 所示，是树莓派的浏览器，它的工作原理和其他的浏览器一样，你可以在网址框中输入一个网址并打开多个标签。图 5-4 所示是 Epiphany 中加载的谷歌主页。

图 5-4

但它有别于其他浏览器，并且你需要知道一些关于 Epiphany 的东西。

☛ 它有一个奇怪的名字。

☛ 它运行起来很慢。

第一件事不是一个大问题。奇怪的名字意味着它只是突然的灵感，这仅仅是给树莓派的浏览器的在树莓派中命名的一个理由。

第二件事是更重要的。树莓派不是一种快速运行的计算机，而且 Epiphany 也不是一种快速运行的浏览器，树莓派会用一至两分钟加载页面，Epiphany 也有一些网页加载的问题。当你试图加载一个页面时，如果看到一个错误信息，这通常不是你的过错。

在树莓派上使用 Epiphany 来测试网络服务还过得去，因此，如果你想要在线查一些东西，最好使用另一台计算机上的浏览器，否则，你将要花费很多时间来等待它完成加载。

使用其他浏览器

树莓派的另一个叫作 NetSurf 的浏览器藏在预装的应用程序里，它比 Epiphany 更快——用起来也足够快——但它的网页布局不是很正确，因此页面上的一些单词常会显示为另一句话。

即便如此，如果你很喜欢 NetSurf，你也可以去使用它。另外，它隐藏在一个特殊的文件夹中，因此，你不能从桌面上启动它，你可以在后面的章节中找到更多

关于这个特殊文件夹的指令——包括如何查找它。

你不能在树莓派上使用最流行的浏览器，例如 Chrome、Firefox 或者 Internet Explorer。你可以安装一个名叫 Chromium 的特殊版本的 Chrome，但你不能从桌面上安装它。当你知道更多关于 Linux 指令时，你可以尝试根据树莓派的指令在网络上搜索、安装 Chromium，第 8 章和第 10 章将解释如何使用文本命令来安装软件。

在 Epiphany 里，在地址栏中输入一个词或短语再按回车键就能搜索网页，Epiphany 使用的搜索引擎叫作 Duck Go，它为你提供的搜索结果和在 Google 中得到的很相似，但包括了更多的广告。相反，如果你想使用谷歌，你可以在 Epiphany 中打开谷歌主页。

在 File Manager（文件管理器）中寻找文件

文件是你存储在你计算机上的信息，为了有序地保存文件，它们经常被保存在文件夹中，文件夹中可以包含更多的文件夹或更多的文件，又或者两者都有（但它们不能容纳松鼠，这一点非常好）。

为了更方便地寻找文件，树莓派里包含一个文件管理应用，叫作 File Manager（文件管理器）。

你可以在任务栏中浏览器图标的右边找到文件管理器的图标，它看起来像一个破旧的文件柜。单击图标就能启动文件管理器，图 5-5 显示了所显示的文件列表。

了解文件管理器中的文件

文件管理器窗口的左边列出了一个文件夹列表。要想查看文件夹中的文件，就请单击文件夹，这些文件会出现在窗口的右边。

当需要查看文件夹中的文件夹时，单击文件夹名称旁边的小三角形，当一个文件夹打开时，显示文件夹，旁边的三角形指向下方；当关闭一个文件夹时，文件夹名称旁的三角形指向右方。

完整的文件夹列表被称为目录树，因为它有点像一棵倒立的树。这棵树由"根"向下延伸，它是从最原始的文件夹开始的。

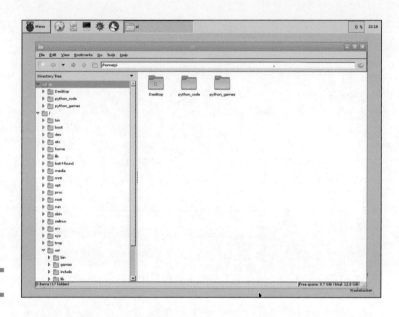

图 5-5

这个文件夹是如此重要，并且它有一个很重要的名字，它被叫作"/"——一个反斜杠。

或许"/"比 thisisthesuperimportantrootfolder（译：这是一个很重要的根文件夹）更容易输入。

如果你参考图 5-5，你可以看到这个 superimportantrootfolder（译：很重要的根文件夹）包括很多其他的文件夹，这其中有支持树莓派运行的文件和文件夹。

你也可以在列表的顶部看到一个被叫作 Pi 的文件夹，这是你的主文件夹。在树莓派中，每一个用户都有一个主文件夹（home folder），因为你花了很多时间在家（home 译为"家"）里，文件管理器将它包含在目录树中，这样你就可以很快地找到它，而不必在它的主树中找。

这是否意味着它在两个地方呢？不！里面只有一个主文件夹。你可以在文件管理器中通过两种方式找到它，一种方式是很省时的快速单击，另一种方式是费时费力的多次滚动和单击。因此，选择一条捷径将会很方便。

在文件管理器中移动

在你的树莓派里，目录树给出了每一个单独的文件特有的地址——它仅仅是你需要单击来获得的文件列表。地址是像这样的：

```
/home/pi/mystuff/and_so_on...
```

文件的地址也被称为路径。到达一个地址的过程有点像沿着一条有许多小巷和弯道的小路往下走的过程。

获得该地址的文件的方法为：

1. 单击 /home 文件夹。

2. 单击主文件夹中的 /pi 文件夹。

3. 一直单击文件夹，直到你获得你想要的文件夹。

当你打开越来越多的文件夹时，文件管理器总是显示在你打开的那里，这样就不容易在寻找的过程中迷路。

这有一个实例，这一步将带你进入树莓派里的预安装程序，包括在工具栏"使用其他浏览器"中提到的 Web 浏览器：

`/usr/share/raspi-ui-overrides/applications`

看看你是否可以单击地址找到文件。你需要向下滚动列表，查看所有 `/usr/share` 中的文件夹，因为里面有很多的东西。

图 5-6 显示了文件管理器的所有应用程序。该文件夹包含了桌面菜单中的应用程序和一些其他的东西，你可以双击其中任何一个来启动它。

图 5-6

当你在这个文件夹中时，你可以通过 Wi-FiConfiguration 应用程序来设置 Wi-Fi，双击来启动该程序。

树莓派在 Wi-Fi 方面不是太好。例如，它不会自动扫描网络。找到完整指令的最佳方法是在网上搜索如何设置树莓派的 Wi-Fi。

接触 god-mode 模式

你很快就会发现，你不能查看一些树莓派中的指定文件和文件夹。事实上，你被锁在了大部分的文件系统之外。

当然这是有原因的，树莓派的 Linux 操作系统故意将你锁在操作系统之外，以至于你不会意外地丢失一些东西。作为一个普通的用户，你不能触摸移动部件或将手指放在任何电源端口上。

这令人沮丧，是吧？如果你被永久锁定，那将会更加令人沮丧。但是有一个简便的方法，如果你知道一些神奇的字母，你可以提升自己到一个称为 root 的 god-mode 模式，这将能让你做你想要做的一切事情。

第 10 章中有更多关于如何成为 god-mode 模式的介绍，因此，现在你不需要担心，当你在树莓派里安装新的软件或修改重要的东西时，你才需要 god-mode 模式。

Mac 和 Windows 计算机中也包括了 god-mode 模式，只是它们隐藏得更好。当你的 Mac 或 PC 在做某些事之前寻求你的密码时，那是 god-mode 模式的检测。

使用活动监视器

当你要求你的树莓派做什么的时候，它通常需要思考一段时间。当 Windows 计算机在思考的时候它们会显示出一个沙漏，Mac 计算机会显示一个的旋转的彩色车轮，有时被称为比萨饼轮，即使没有人曾见过带有很多颜色的比萨饼。

在树莓派中有活动监视器，它是有一个带有滚动图形和百分比符号的盒子，位于任务栏的右侧。

其实，活动监视器比看起来更重要，因为它展示出树莓派在工作时的情况。在显示为 0% 时，树莓派不做任何事;在显示为 100% 时，树莓派在很努力地工作。当它的工作非常艰难时，如果你去命令它做一件事，它会花比平时更长的时间去完成你的指令。

活动监视器的右侧有一个时钟，当树莓派连接到互联网时，时钟将会自动设置。如果你单击时钟，你可以看到一个日历。

使用桌面菜单

桌面菜单中包括了实用的应用程序，单击任务栏左上方的菜单按钮就能打开菜单。

在旧版本的桌面上，单击左下角的尖角（这是一个你意想不到的桌面标志）。

你可以在菜单项上移动鼠标指针来查看每一组里的子项目。单击一个应用程序来启动它。

图 5-7 显示了里面的附件。

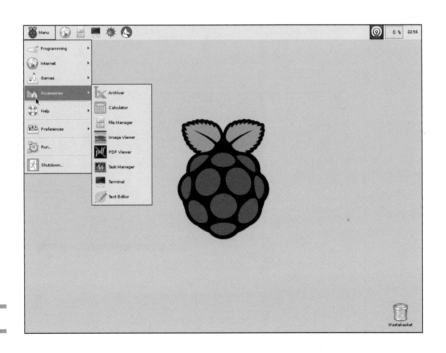

图 5-7

编辑文件

桌面上有一个编辑器，你可以在树莓派里做一个小小的改变，使它更容易在网络上使用。

当你需要编辑文件时，选择 Leaf text editor，单击任务栏菜单按钮并在附件项目上拖动鼠标。移动它到右边偏下一点，并单击标有 Text Editor 的绿色叶子图标。

文本编辑器加载出一个空白窗口，你可以用键盘将文本输入到窗口中，并用键盘和鼠标编辑文本，然后选择 File ⇨Save 来保存文件。

你也可以通过选择 File⇨Open 来加载现存文件。这个编辑器显示了一个文件选择器。

选择器的工作方式有点像一个较小版本的文件管理器，它在左边有文件夹列表和快捷方式，而位于右侧的窗口则显示了每个地址中所包含的文件。

但它并不展示带有 / 的重要文件夹。然而，它有一个文件系统的快捷方式——将你带入 / 中，因为 / 代表着文件系统。

双击文件管理系统，并用你自己的方式从文件夹中找到

/etc/network

双击名为 interfaces 的文件，如图 5-8 所示。你也可以单击文件，然后单击打开按钮。

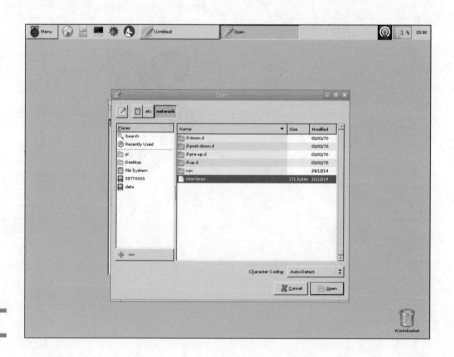

图 5-8

看到上面的文件夹和文件区域的按钮了吗？每一次你双击一个文件夹来打开文件时，文件选择器将文件以按钮的形式展示在上方，按钮是一个可以快速使用的快捷方式，单击按钮就能直接打开与其对应的文件夹。你也会在文件区域看到最近打开的文件列表，文件选择器能记得你最近操作过的文件，所以你不必再次去找它们，你可以双击该文件来打开。

　　编辑器加载该文件，你会看到一些如图 5-9 所示的神秘冗长的文字。这些文字中包含了神奇字母，它们告诉树莓派如何连接到局域网和互联网。

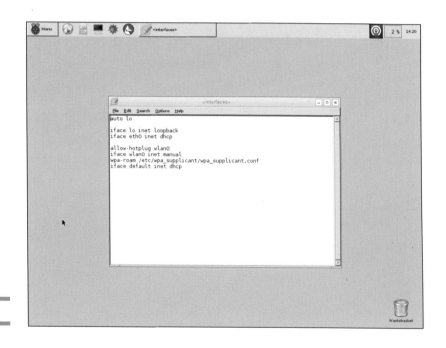

图 5-9

　　如果你知道这些神奇字母的正确含义，你就可以通过编辑文件，使你的树莓派在不同方式下工作。

　　Linux 系统比 Windows 或 OS X 系统更容易上手，并且很多重要的设置隐藏在文本文件中。

　　你如何才能知道编辑哪一个文件以及如何改变它呢？你不知道。Linux 系统很复杂，你绝不会猜到如何找到大部分的设置或在找到它们后如何改变它们。

你必须在网上查找它们，每当你想要在你的树莓派里改变一个设置时，在网上搜索在线指导。

这不是欺骗！专业开发人员在不知道如何做一些事时也是在网上搜索。在"首选项"面板中更改一些设置是不容易的。但是你一旦解决了这一问题，你就能自定义你的树莓派，并使它做一些其他类型计算机不能做的事。

第2周

简单的程序项目

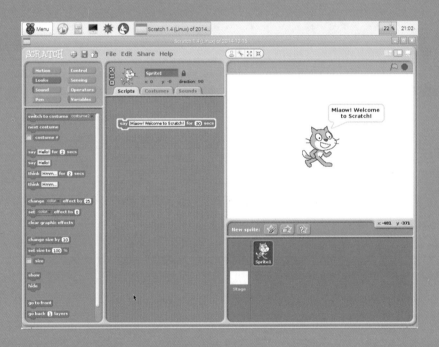

第6章
从 Scratch 开始

你可以用树莓派制作游戏和编写真正的代码。这个项目介绍的是刚接触编程而使用的一种简单方法。它叫 Scratch，非常有趣。

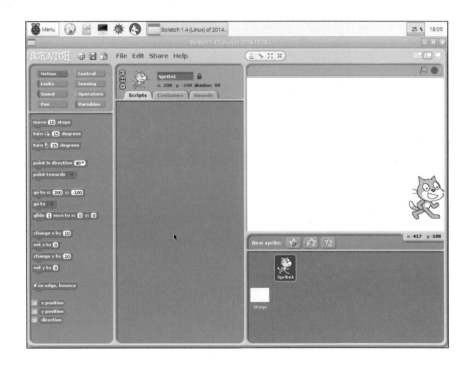

了解 Scratch

Scratch 是通过编写计算机代码实现软件制作的最简单的方法。通常，当你编写代码时，你输入的单词看起来有点——但不是那么地——类似英语。

使用 Scratch，你不需要输入任何东西。你拥有一大盒子的（虚拟的）模块和一个用于事件发生的舞台（stage）。舞台上有许多称为精灵（sprite）的角色，它们可以在舞台上移动，撞到墙上，撞到一起，还可以做其他各种各样的事情。

每一个模块的功能都不一样。一些模块可以移动精灵，另一些模块可以转动精灵或改变它们的颜色，还有一些模块检查一个精灵是否碰到了另一个精灵或到达舞台的边缘。

你可以让精灵显示谈话气泡或者思考气泡，让气泡变大或者变小，或者以其他形式改变气泡。图 6-1 显示了一个正在用谈话气泡说话的精灵。

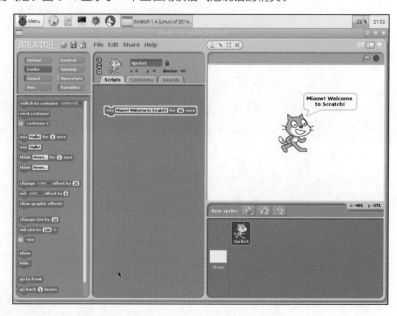

图 6-1

Scratch 是为小孩设计的，但大人也可以使用它。在接触较复杂的计算机语言（例如 Python）以前，Scratch 是学习编程的很好的开始。

使用计算机语言是告诉计算机你想要它做什么的方法。现在有很多很多的计算机语言，它们都是不同的，但很多计算机语言可以完成同样的事情，只不过使用不同的单词——这有点像法语和英语的区别。Scratch 是一种非常简单的语言，提供了很多预置的词汇，所以你不需要努力学习和记住它们。

连接模块和编写脚本

为了编写游戏或者讲故事，你需要用鼠标将模块拖成一列。这些模块在屏幕上紧贴在一起，有点像真的塑料积木。

这些列表被称为脚本（script）。当你单击脚本时，Scratch 顺序运行一个个的模块，每个模块操纵它控制的精灵完成一些事件。

这些模块按照你设定的顺序移动、改变、旋转或检查精灵。特殊模块可以不断地或者按照设定的次数重复部分或全部的脚本。你也可以让你的脚本保存数字、句子，或者做简单的数学计算。

在舞台上同时存在有多个精灵。你可以设置舞台背景，让你的故事或游戏看起来令人兴奋。

你不是只能在树莓派上使用 Scratch。在 Scratch 的网站 http://scratch.mit.edu 上包含一个可以在 Web 浏览器中运行的 Scratch 版本。树莓派版比 Web 版的粗糙。但你可能拥有自己的树莓派，所以你不需要等着使用家庭公共计算机。

发现并开始使用 Scratch

只有当树莓派桌面是打开的时，才能使用 Scratch。你需要做的是以下的事。

1. 如果你刚刚启动树莓派，而且在使用命令提示窗口，请输入 startx 并按回车键。

图 6-2 显示了你在哪里可以找到 Scratch。

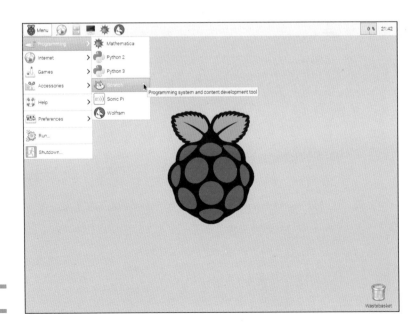

图 6-2

2．当桌面出现时，单击屏幕的顶部左侧的菜单（Menu）按钮。

3．向下移动鼠标到编程（Programming）选项。

4．当下一级菜单滑出时，移动鼠标到 Scratch 选项并单击。

一段时间后，Scratch 窗口将出现。

在你的树莓派上，你可能不会看到相同的选项，或者它们可能在不同的地方。在菜单系统里查找单词"编程（Programming）"和"Scratch"。

浏览 Scratch

Scratch 的窗口看起来像有许多东西需要处理，但它并不像看起来那么复杂。

从左到右，查找 4 个窗口：

✏ **模块窗口**：这个窗口列出了可以使用的所有模块。模块以不同的颜色显示，窗口每次只能显示一个颜色的模块。

✏ **脚本／服装／声音窗口**：这个窗口是将模块紧贴在一起制作脚本的地方。你也可以做新的服装——精灵的形状——通过单击窗口顶部附近的标签处理声音。

✏ **舞台窗口**：有一只猫的白色区域是舞台。这个窗口是你玩游戏或者讲故事的地方。

✏ **精灵窗口**：这个区域在舞台下方，展示了你的故事或游戏中出现的所有精灵。

当你开始使用 Scratch 时，它会为你创建一个精灵。这个精灵看起来像一只卡通猫。你可以通过改变精灵的服装来改变的精灵的外观。你也可以通过改变它的位置来在舞台上移动它。

了解舞台

舞台并不理解上下左右。

它使用一个具有两个神奇数字的系统。你可以通过这个系统告诉精灵向右移动一段距离。这些数字有特殊的名字：x 和 y。数字 x 设置左右的位置。数字 y 设置上下位置。

x 和 y 有时被称为坐标，这是一个庞大、复杂的数学词汇，用于说明"如何让我们使用两个数字知道某物在哪里。"

当 x 和 y 都为 0 时，精灵在舞台的中心。将 x 设置为大于 0 的数字，精灵右移；将 x 设置为小于 0 的数字，精灵左移。

x 的大小告诉你精灵离舞台中心有多远。符号（"–"或没有）告诉你精灵在中心的左侧还是右侧。

所以，当 x 为 100 时，精灵在舞台的右半边；当 x 为 –100 时，精灵在舞台的左半边。

上下方向也是如此。当 y 为 100 时，精灵在舞台上半部分；当 y 为 –100 时，精灵在下半部分。

x 和 y 是分开的。因为它们是独立的，所以你可以让精灵向左或向右移动而不改变上下偏移的位置，同时你也可以上下移动而不改变它左右偏移的位置。

要让精灵上下移动的同时左右移动，必须同时改变 x 和 y 的值。

表 6-1 是一张速查表。

为什么 Scratch 这样运行？直接说上下左右会不会更简单？可能是，但在数学里，x、y 就是这样使用的。而且这个方法在游戏和应用程序编制里的使用也很成熟了，所以 Scratch 照搬了这个工作方式。

表 6-1	使用 x 和 y 在舞台上移动
x 和 y 的值有多大？	**精灵在哪里？**
x 没有负号（100）	在舞台右半边
x 有负号（–100）	在舞台左半边
y 没有负号（75）	在舞台上半边
x 有负号（–75）	在舞台下半边
x 为 0	在舞台左右方向的中心
y 为 0	在舞台上下方向的中心
x 和 y 都为 0	在舞台的正中心

使用 go to（移动到）语句移动精灵

你还可以使用 go to 语句移动精灵：

1. 如果你在模块列表中没有见到蓝色的模块，单击靠近屏幕左上角的蓝色移动按钮。
2. 查找列表中叫作 go to x: y: 的模块。

当你单击这个模块或者在一个脚本包含它时，它可以通过设置 x 值和 y 值来移动精灵。

如果你什么都没有改变，这些值都默认为 0，所以模块看起来是这样的：

```
go to  x:0 y:0
```

你可以在模块中看到 *x* 和 *y* 的值。

3. 双击 x:number，当它变成灰色时，输入 200 并按回车键。

有了一个新的 *x* 值，精灵会跳动到屏幕右边。太酷了！看到它是如何工作的了吧？

4. 现在双击 y:number，当它变成灰色时，输入 −100。

精灵向下移动。图 6-3 显示了它的最终位置。

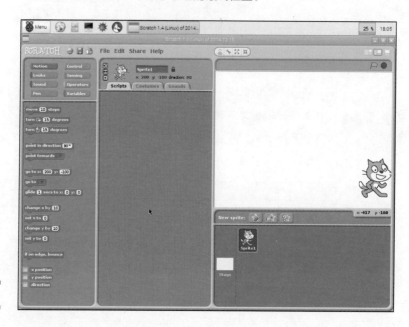

图 6-3

你的精灵可能不在同样的位置。舞台的宽度和高度取决于你的屏幕（显示器）的宽度和高度，所以你的舞台可能和图片中的舞台的宽度和高度不一样。你不需要担心精灵在哪里，只要它移动了就行！

将精灵放在中心位置

你能找出如何使用 go to 模块将精灵移到舞台中心的方法吗？早前在本项目中出现过的，表 1-1 提供了线索。

你可能已经猜到，如果将 *x* 和 *y* 的值改为 0，精灵将会跳回到中心位置。

你现在可以尝试在 *x* 和 *y* 选项框中输入其他数字，看看会发生什么。一段时间后，你应该可以在输入数字前就知道精灵移动的距离。

如果你查看模块列表，你可以看到现在可用的其他模块。单击以下模块，看看它们能做什么：

```
change x by [number]( 将 x 改变 [ 数字 ])
set x to [number]( 设置 x 为 [ 数字 ])
change y by [number]( 将 y 改变 [ 数字 ])
set y to [number]( 设置 y 为 [ 数字 ])
```

滑动精灵

在实世界中的人和物通常不会立即从一个地方跳到另一个地方。为了使运动看起来更真实，可以使用滑动（glide）模块。

滑动模块和 go to 模块的功能类似，但它有一个额外的数值，用于设定精灵从一个地方滑动到另一个地方需要的时间。

试着改变滑动模块中 x 和 y 的值以及以秒为单位的时间间隔，看看它如何工作。

移动和转动精灵

Scratch 还提供了另一种移动精灵的方法。不是让精灵直接在舞台上移动，而是让精灵向它面对的方向移动。你也可以转动精灵，让它面向不同的方向。

这样的移动需要使用移动（move）、转动（turn）和指向（point）模块。它们在模块列表的顶部。试着单击它们，改变数值，看看会发生什么。

还有一个指示方向（point in direction）模块，可以让精灵转向至你设置的方向。方向以角度为单位，就像转向的每一小步。所以，360° 会让精灵转一圈，但这毫无意义。180° 让精灵转半圈，而 90° 让它转 1/4 圈。

你可以单击数值框来设置数值，或者可以从菜单中选择 4 个方向。看看你是否能够找出分别代表左右上下的数字。

理解转动和旋转

如果你转动一个精灵，但这个转动可能没有在舞台上表现出来，尽管它已经指向了一个新的方向。这可能令人困惑，因为虽然精灵已经按照你的设置转动了，但它看起来仍然面向之前的方向！

用于转动的复杂的数学词汇是旋转（rotation）。Scratch 可以让你选择精灵旋转时的模样。

如果你仔细看，你可以在中间屏幕的顶部看到有 3 个小按钮在精灵的左边。

你可以通过单击来选中它。从上到下，它们的功能是这样的：

✔ **可以旋转**：单击这个按钮，确保精灵总是可以转动。它可以面对上方、下方、左方、右方，或任何其他方向。这意味着有时它是颠倒的。

✔ **只面对左 / 右**：精灵只能面向左侧或右侧，即使它实际是指向上方或下方。它不能颠倒。

✔ **不能旋转**：精灵总是面对同一方向。你可以改变精灵的方向，但在舞台上你只能看到一个方向。

编写简单的脚本

你可以通过将模块拖曳到屏幕中间的脚本区域编写简单脚本。

1. 拖曳一个移动（move）模块到脚本区域。

2. 拖曳一个转动（turn）模块到脚本区域，并放到移动模块的下方。整个过程不能放开鼠标。

Scratch 显示出一条宽的白线，如图 6-4 所示。

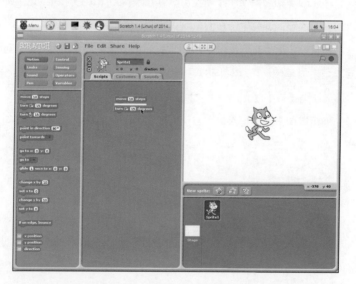

图 6-4

3. 放开鼠标。

当放开鼠标按钮时，下面模块将贴紧上面的模块。

你制作了一个脚本！

当你单击脚本的任何位置时，Scratch 将会顺序运行各个模块。这个脚本让精灵移动，然后让它转动。

这个脚本只有两个模块，但是如果你编写的脚本拥有几百个模块，Scratch 将从顶部的模块开始，执行模块的功能，然后移动到下一个模块，再执行该模块的功能，如此这般，按顺序运行直到列表结束。

让脚本工作的部分称为运行(running)脚本。想象脚本向导程序从脚本顶部跑到脚本底部，让每一个模块顺序工作。脚本运行和这个很像，只是你看不到向导程序，因为它藏在舞台后面。

你可以将模块紧贴在脚本的顶部或者底部。你可以在有空隙或者有标签的时候放置模块。

分解脚本

有时你想要分解一个脚本。也许你想要拿走最后几个模块。或者你想在脚本中间制造一个空隙，以便放入更多的模块。

要分解脚本，请按如下步骤操作。

1. 单击一个模块并拖动它。

脚本分离了，Scratch 会显示一条宽的白线。

2. 将模块拖动得足够远时，白色线条消失。

现在你有两个模块，或者可能是两个小脚本。

右键单击模块

Scratch 有一些很酷的特殊工具。右键单击模块或者脚本可以看到。

✔ **帮助（help）**：单击帮助得到关于模块功能的提示。提示出现在一个窗口中。单击 OK 使窗口消失。

✔ **复制（duplicate）**：单击复制创建脚本或模块的副本。副本出现在脚本区域。

✔ **删除（delete）**：单击删除将从脚本区域去除一个脚本或模块。模块或脚本就消失了。如果这是你的意外操作或者你改变了想法,从 Scratch 窗口顶部的菜单选择编辑(Edit) ⇨ 不删除(Undelete)可以使得删除的脚本 / 块重新出现。

为精灵编写重置脚本

你现在能想出如何为精灵编写一个重置脚本吗？比如说，你想要加入两个模块让精灵移动到 x:0 和 y:0，并且转动它，使它面向右边。

试着将模块紧贴在一起，修改模块中的数字直到你完成一个这样的脚本。记住，在脚本区域，你可以同时拥有多个脚本。如果你想这么做的话，你可以把这个脚本随意放置。

控制脚本

有时你想要脚本一遍又一遍地做某件事情。如果你在前面的小节中分解了这个脚本，请把它重新放在一起。单击它几次。每一次精灵都会移动和转动。

你可以通过一遍又一遍地单击脚本使其一遍又一遍地做相同的事情。如果只是重复几次，这个方式还可以，但是如果要重复上百次呢？

你可以使用复制的右键单击工具制作大量的简单脚本的备份，把它们放到一起，做成一个大脚本。

如果这样重复 10 次也还可以，但是以这样的方式让脚本重复几百次很无聊。

Scratch 有一个更好的方法。单击模块库顶部的控制按钮。它有橙色的边缘。当你单击时，你会看到一套新的模块。

这些都是控制模块。它们使脚本更灵巧。

你可以使用控制模块做以下事情。

- 一直重复一些模块。
- 根据你需要的次数重复一些模块，然后继续运行。
- 用某个键启动脚本。
- 让脚本停一会儿。
- 在某件事发生前，让脚本保持等待。
- 在某件事发生前，使脚本一直重复。
- 检查和测试数据、精灵的位置和其他的事情。
- 停止一个脚本。
- 停止所有脚本。

使用控制模块

控制模块出现在 3 个地方：

✔ 在脚本的开始

✔ 在脚本的末尾

✔ 用其他模块的周围

开始控制模块有一个圆顶。你没法让其他模块紧贴在它们的顶部。它们必须首先运行，因为它们等待事件发生。直到开始控制模块运行，脚本才能开始。

例如，when [space] key pressed 模块会在按下空格键时启动脚本。你可以使用模块里的菜单选择不同的按键。

结束控制模块有一个平底。它们下面夹不住任何模块。它们必须放置在脚本的末尾，因为它们告诉脚本停止。

周围脚本中间有一个空间。它们看起来有点像胖胖的发夹。在脚本中使用时，将它们拖到你想控制的脚本周围。

你可能要先分解脚本以拉出你想控制的模块，然后在添加周围脚本之后把它粘回去。

你可以尝试重复（repeat）模块。将它从模块列表拖到脚本区域，让它夹住已经在脚本区域的两个模块。这个模块的底部会伸展以夹住周围的模块。

图 6-5 显示了结果。单击模块，精灵移动和转动。它会重复 10 次，直到你通过单击、输入新的数字，改变这个值。

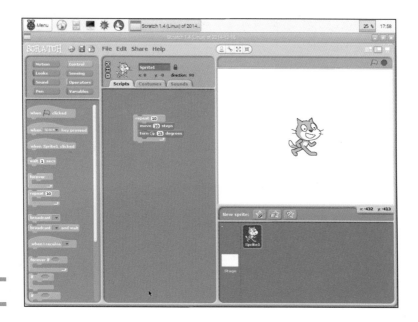

图 6-5

如果精灵没有转动，检查哪一个旋转按钮是亮的。更多细节，请查看"移动和转动精灵"这一节，在本书早前出现过。

停止脚本

单击重复模块中的数字，输入 100 并按回车键。再次单击脚本。

现在精灵不断地移动和转动。它坚持移动了很长时间。

你感到无聊吗？如果你想要提前停止脚本，你可以单击舞台上方的红色按钮。当脚本运行时，在红色按钮旁边的绿色旗帜是亮的。

你还可以通过单击脚本停止它。当脚本运行时，你可以看到白色的边界。当脚本停止时，边界就消失了。

创建简单的反弹脚本

你能做一个让精灵从屏幕边缘反弹的脚本吗？有一个简单的方法可以完成以上的任务，也有一个困难的方法。

简单的方法是使用在运动模块列表里的"if on edge, bounce（如果在边缘，反弹）"模块。将一个移动模块和"if on edge, bounce"模块加在一起，然后放入 forever（一直）控制模块。

如果你研究出如何制作重置脚本，单击它，让精灵移动到屏幕中间。

图 6-6 展示如何将模块夹在一起。

另外，你可以单击"中间，只面对左右旋转（middle only face left-right）"按钮让精灵在反弹时保持正确的方向。

单击脚本。精灵应该反弹在舞台的两边之间！再次单击脚本停止它。

如果你先转动精灵会发生什么？单击转动模块转动精灵。如果你没有选择可旋转按钮，你不会看到任何不同。单击脚本，其将再次运行。

你将会发现精灵反弹到上、下、左、右！单击脚本停止它。

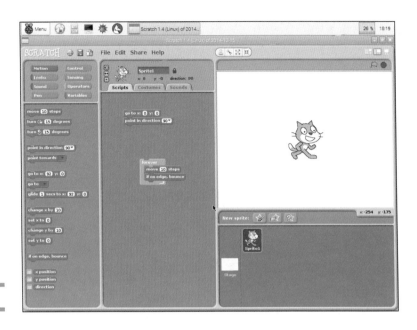

图 6-6

引入变量

反弹做了什么？精灵反弹时会发生什么？

如果你仔细想想，反弹意味着它转向另一个方向，所以你可以使用转动模块让它反弹。当精灵从屏幕右边反弹时，告诉精灵面向左边；当它从左边反弹时，让它面向右边。

但是也许你想让精灵做一些其他的事情——例如，当你按下一个键时跳起；当你按下另一个键时藏到其他精灵身后；或者在它碰到边缘之前反弹。

要做到这一点，你需要知道精灵的位置。你必须有能力改变它的位置。

你可以用不同的 x 和 y 制作很多 go to 模块表示舞台上精灵可能出现的每一个位置。但这样的话模块就太多了。

更好的方法是在需要的时候记住和改变 x 和 y 的位置。你可以在 Scratch 中使用变量达到这个目的。

一个变量就像一个装着数字的盒子。这个盒子有名字，所以你可以把它和其他盒子区别出来。它有一个存储数字的空间。

小贴士大用途

变量也可以保存字母、单词和句子。

使用变量

Scratch 可以用变量做三个巧妙的事情。第一是创建它们。变量有特殊的模块，每创建一个变量，你就会得到一些特殊的模块帮你使用它。你可以将变量设置为数字或在模块中添加一个数字。

当你创建一个变量后，它会出现在舞台上。当想要使它隐藏时，你可以使用隐藏变量（hide variable）模块让它消失。你也可以使用显示变量（show variable）模块让它回来。

第二个巧妙的事情是数学计算。你可以用数字对变量进行加、减、乘、除。你甚至可以用一个变量对另一个变量进行加、减、乘、除。

最后一个巧妙的事情是最好的。你可以在看到数字的任何时候使用变量。例如，你可以告诉 go to 模块使用你创建的变量。当你单击 go to 模块或当 Scratch 在脚本中读到它时，模块按照变量存储的数字移动精灵。

这比一直把精灵移动到同一个地方给了你更多的选择。你可以手动改变这些数字，或用数学计算，或者让它们跟随其他数字，例如其他精灵的位置。

创建变量

单击在模块列表区域中模块类型的右下角的暗橙色变量按钮创建变量。出现了三个按钮。你可以单击它们以

- 创建一个变量
- 删除一个变量
- 创建一个列表

这叫技术支持

列表是用于放置其他变量的一种特殊变量。它像一个装了很多小盒子的大盒子。这些小盒子有编号，你可以将它们区分开做不同的事情，例如获取并改变第三个箱子中的东西。现在你可以忽略列表。

创建一个新的变量：

1. 单击创建变量模式。

你会看到如图 6-7 所示的一个窗口。

2. 将 sprite1_x 输入变量名称选项框。

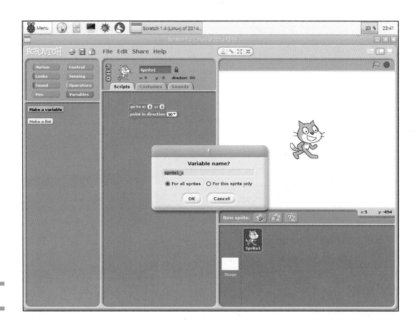

图 6-7

3. 选择所有精灵（For All Sprites）选项，然后单击 OK。

哇！奇迹发生了！Scratch 创建了一些新模块。如果你现在看舞台，你会发现出现了一个窗口。这个窗口有你的变量名 sprite1_x 和一个数字。

当你创建一个新的变量时，这个数字总是 0，因为你还没有改变它。图 6-8 显示了你得到的窗口。

你能使用变量替换任意数字吗？完全可以！你可以使用一个设置（set）模块将一个变量的值设置为另一个变量的值。使用改变（change）模块，你可以通过给变量赋值进行改变。此外，你还可以通过让舞台上的精灵的变量值相互传递来编写非常巧妙的脚本。这几乎对你想做的事没有限制。

理解所有精灵和此精灵唯一的区别

当你创建一个变量时，你可以通过单击 This Sprite Only（此精灵唯一）的选项告诉 Scratch，这个变量对于这个精灵是私有的。如果变量是私有的，其他精灵不能读取、改变，甚至看到它。

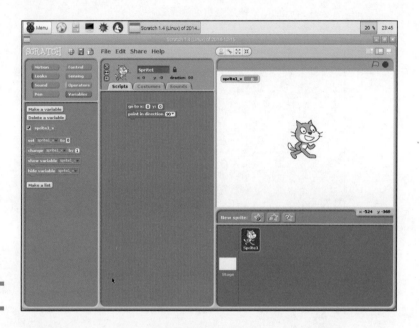

图 6-8

有时私有是一件好事。这意味着你可以在不同的精灵中使用相同的变量名，所以你可以复制脚本用以控制新精灵而不需要做任何改变。

但有时你想让一个精灵知道脚本中的另一个精灵发生了什么。这就是你创建变量时，选择所有精灵选项的原因。现在，你可以让每个脚本中的每一个精灵使用这个变量。

这个选择看起来像是可以忽略的，但这关系重大。程序员通常花费很多时间思考创建私有变量还是公共变量。如果所有变量都是公共的，你会制造大混乱，也不确定哪个脚本可以改变哪个变量。如果你有太多的私有变量，你会得不到你需要的变量。

将变量插入模块

变量的重要作用是你可以使用它们来取代数字。你可以像控制模块和数学计算那样控制变量，而不必使用一个固定数值，例如 10 这样不能改变的数值。

Scratch 用了一些巧妙的方法来完成这项工作。你可以直接拖放一个变量到数字上方将其替代：

1. 把你的 sprite1_x 变量模块拖放到脚本区域。

忽略设置、改变、显示和隐藏模块。你仅仅需要有变量名的模块。

2. 单击在模块列表左上方的运动（Motion）模块，将一个 go to 模块拖到脚本窗口。

3. 下一步是，将变量模块拖放到白色数字选项框。

如果你做得正确，变量将替换已经在那里的 0。你的新模块应该看起来像图 6-9 所示。

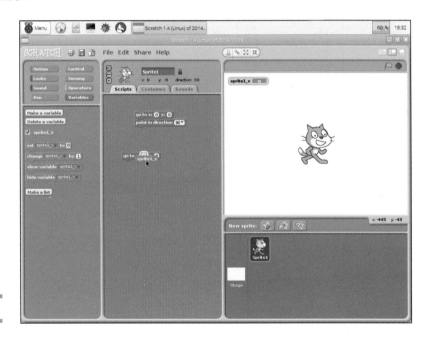

图 6-9

设置和改变变量的值

变量内部的数字称为值。单击模块列表顶部的变量按钮，找到设置和改变模块。

当你单击设置模块或者在脚本中使用时，它给模块中的数字赋值。

当你单击改变模块或者在脚本中使用时，它在数值上添加数字。开始运行时，如果数字是 1，这个模块在这个数值上加 1。但你可以单击、修改它。

现在试一试：

1. 单击设置模块的数值，修改它，例如，将它改为 10。

2. 单击设置模块，看看会发生什么。

3. 单击几次改变模块。

你看到发生什么了吗？当你单击模块时，舞台上的sprite1_x数值框改变了。图6-10
展示了这样的变化。

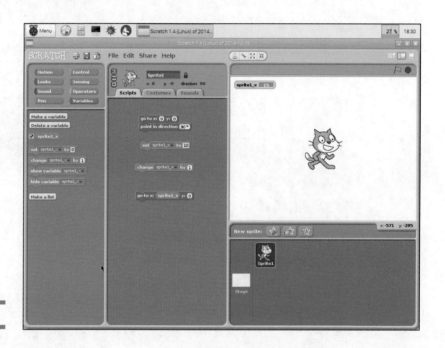

图 6-10

设置和改变模块都在脚本区域，所以你可以更清楚地看到它们。使用时你不需要复制
它们。你可以单击它们，在模块列表改变它们的数值。但通常，如果你正在使用这两个模
块，在脚本区域制作一个副本也是很好的，这样你可以改变它们或者在你完成时将它们插
入脚本。

理解模块中的变量

事件没有发生——精灵没有移动。为什么没有呢？

只当你单击或者当 Scratch 将它作为脚本的一部分运行时，go to 模块才会移动精
灵。当你改变它的变量时，它不会移动精灵。

你可能会认为它应该会，但它不会——这是有原因的。

你希望只改变一个值而不会引起很多事件发生。如果只执行你让它做的事，Scratch 表
现很好，但是如果你想让它做它认为你想做的事情，Scratch 的表现就不太好了。

所以，如果你想要一个精灵移动，你需要在 go to 模块里设置变量；然后单击或在脚本中运行它。否则，精灵不会移动。

其他的模块以相同的方式运行。只有当你单击它们或者 Scratch 运行到它们时，它们才读取变量值。

显示和隐藏变量

你认为在单击显示变量和隐藏变量模块时会发生什么？现在就试一试！

感到惊讶吗？隐藏变量模块隐藏了舞台上的数值选项框。显示变量模块让它出现在舞台上。

当过多的变量让舞台看起来一团糟的时候，你可以使用这些模块清理舞台。通常，你不需要立刻看到所有的值。有时你根本不需要看这些数值——只有当你需要这些模块时，你才需要看这些数值。

第 7 章
接触 Sonic Pi

Sonic Pi 是一个开放的音乐合成器和音序器。你不能通过键盘或者其他设备操作它——你要通过写代码来运行。

如果你不懂音乐，制造一些奇怪的声音是一种很酷的方式。如果你懂音乐，唯一的限制就是你的想象力了！

不像 Python 可以用于各种项目，Sonic Pi 的计算机语言只能被 Sonic Pi 使用。你不能用 Sonic Pi 的代码画画、制作游戏或者运行网站！一些 Sonic Pi 能做的事情用其他计算机语言也可以实现。但是实现的代码看起来并不一样。

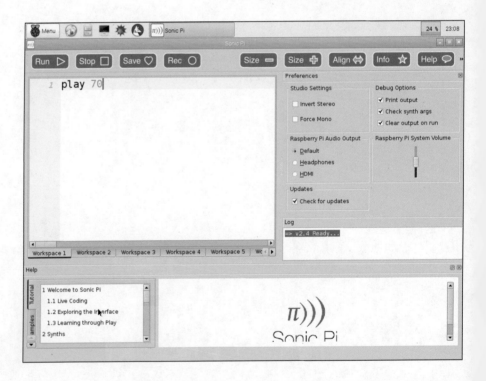

从 Sonic Pi 开始

如果桌面还没有运行，使用 `startx` 命令启动它。

单击左上方的菜单按钮，选择编程（Programming）⇨ Sonic Pi，如图 7-1 所示。

图 7-1

Sonic Pi 需要一段时间去登录。当带有 Sonic Pi 的 logo 和信息的启动画面消失时，单击窗口栏右上角的第二个按钮最大化窗口，让它占满整个屏幕。

你也可以关闭相关的关于窗口。当 Sonic Pi 运行时，你不需要它。

在树莓派上创建声音

在树莓派上的声音还算过得去——大多数情况下是这样。你可能需要尝试使用 Sonic Pi 的偏好设置（称为 Prefs 或者 Preferences ）——这取决于你用来听声音的硬件。

为了显示偏好设置，单击窗口上方窗口栏最右边带有小箭头的按钮。箭头的旁边是帮助（Help）按钮。

当标记为偏好设置的按钮出现时，单击它。

图 7-2 展现了偏好设置的界面。你可以用树莓派系统音量滑块设置音量。

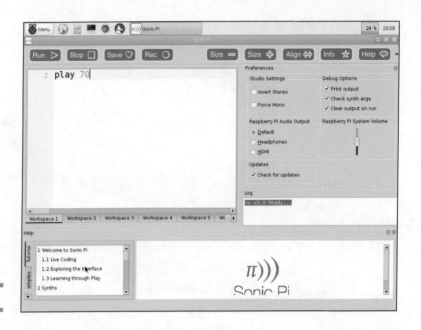

图 7-2

树莓派耳机插孔的声质不出色。因为树莓派是低速计算机，不能制作大的、丰满的、复杂的音频。但是处理音符模式、合成器、样本以及电子变声器仍然很有趣——即使你一点都不了解音乐，或从未演奏过一种乐器。

树莓派 2 的音乐处理比最早的树莓派好很多。它运行更快，你可以制作更大的音频。为了更好的音质，你也可以为你的树莓派购买额外的声卡。详情可以上网搜索树莓派的声卡。

当你使用 Sonic Pi 时，如果你听不到任何声音，你可能需要在树莓派的音频输出框中选择其他的选项。

如果你连接了电视或者显示器，但你想通过树莓派的耳机插孔听声音的话，请单击耳机选项。

如果你想通过电视或者显示器的扬声器来听声音，请单击 HDMI（高清）按钮。

如果你没有改变设置，树莓派会猜测你想做什么。如果你用高清导线连接了屏幕但屏幕没有扬声器，你可能听不到任何声音，除非你通过改变偏好设置让声音传到耳机。

当你完成时，单击偏好设置右上角的小十字。

树莓派有一个基本的声音芯片，Model B+/A+ 中的声音不够好，在树莓派 2 上更好。听声音的简单办法是在树莓派的插孔中插上耳机或者耳塞。如果你有几个扬声器，你也可以把它们插在同一插孔上。首先要调低音量！用偏好设置把它调到一个令人舒服的水平，这样就不会震聋自己。

用 Sonic Pi 奏曲

在带你学习 Sonic Pi 之前，你可以制作一些简单的音乐。图 7-3 展示了一个例子。

制作音乐，跟随以下步骤：

1. 运行 Sonic Pi。

当你运行 Sonic Pi 时，你可以在代码窗口看见一条命令：

```
play 70
```

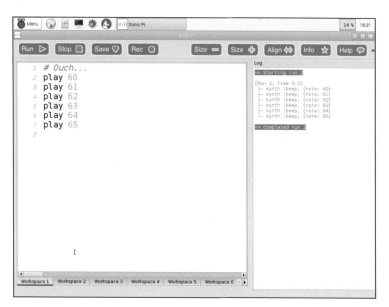

图 7-3

2. 单击左上方的运行（Run）按钮。

你能听见一个音符吗？

3. 如果你什么都听不到，返回偏好设置多次尝试设置，直到单击运行可以发出声音。

4. 如果你能听见声音，单击代码窗口，按几次退格键删除 70。

5. 现在输入 60 代替，所以代码现在看起来是这样：

```
play 60
```

6. 再次单击运行按钮。

你能听出音符是怎样变化的吗？声音——音高——变低了。

你可以让音符一起演奏。

7. 编辑代码让它看起来像这样，单击运行按钮：

```
play 60
play 64
play 67
```

这些音符组成美好的声音。

8. 编辑代码让它看起来像这样，单击运行按钮。

```
play 60
play 61
play 62
play 63
play 64
play 65
```

这听起来不是很悦耳，对吗？

音乐家知道哪些音符放在一起听起来美妙，哪些不是。长时间听优美的乐符也会枯燥，所以大部分音乐会把美妙和不那么美妙的声音和音符混合起来。

和时间玩耍

你不必同时演奏所有音符，你可以让 Sonic Pi 在音符间休眠，制造间隙，像这样：

```
play 60
sleep 1
play 64
sleep 1
play 67
```

Sonic Pi 读到 1 就当作 1 拍。大部分音乐用较短的音符。通常把节拍分成半拍、四分之一拍和八分之一拍。对于非常快的音乐来说，可以使用十六分之一拍，甚至是三十二分之一拍。

因为 Sonic Pi 是程序员创造的，而不是音乐家。你必须给它用十进制表示的节拍数。表 7-1 是一个数节拍速查表。

节拍	休止时间
1 拍	1
半拍	0.5
四分之一拍	0.25
八分之一拍	0.125
十六分之一拍	0.0625
三十二分之一拍	0.03125

表 7-1　　　　　　　　　　　　　　　节拍速查表

尝试以下内容：

```
play 60
sleep 0.125
play 64
sleep 0.5
play 67
sleep 0.25
play 64
sleep 0.125
play 60
```

用不同的节拍创造音律，这会使曲调更加有趣。

当所有的节拍数加起来是一个整数——1、2 或者其他的时候，节奏感就很好。虽然并不需要一定这样，但是如果你试图同时演奏不同的拍子的曲调，奇怪的事情就发生了。

实时编码

Sonic Pi 是为了实时编码而设计的——这意味着你可以在没有停止其他音调和音符的情景下调试音调和音符。

进行指导性学习

在你可以制造声音之后，看一看在 Sonic Pi 窗口中能看到的属性。

看看代码窗口

代码窗口是你编写音乐的地方。代码窗口是 Sonic Pi 代码的编辑器。

简单吗？是的。但是注意窗口下的工作空间（Workspace）按钮。你最多可以同时编辑 8 个项目。单击工作空间按钮在项目之间切换。

这是不是意味着你可以同时操作 8 个项目？是的，就是这样！这就是为什么实时编码那么酷——你可以用软件创造整个乐队，让每部分的开始、停止以及其他操作都不一样。

如果你的代码有错，Sonic Pi 在代码窗口的下面会出现一个特殊的窗口，包含一些告诉你为什么代码不能运行的隐含信息。这些信息不容易被理解，但是有时它们提供的线索足以让你解决问题。在图 7-4 中可以看到一个例子。

图 7-4

看看日志窗口

日志窗口展示来自 Sonic Pi 的信息。当 Sonic Pi 演奏一个音符时，它在窗口添加一条记录。当你知道更多关于 Sonic Pi 信息的时候，你可以在窗口添加自己的信息，作为日后对自己的提醒。

通常你可以忽略在这个窗口发生的事件没有阅读的必要。

理解帮助窗口

在屏幕的底部是帮助窗口。它由两部分组成。

左边的小窗口列出了 Sonic Pi 的所有属性，它们被分成不同的组。

当在左边窗口单击一个属性时，右边更大的一个窗口会显示关于它更多的信息。

下面是分组清单：

▱ **教程**：可以一步一步尝试的课程。

▱ **示例**：预制的曲调。

▱ **合成器**：预制的低音、铃铛、嗖嗖声、哔哔声、吼叫声和其他声音的电子音效。

▱ **FX**：预制的电子变声器，可以处理声音并使它更有趣。（或者使声音变得混乱扭曲。但有时你想要这样，因为很酷。）

▱ **样本**：不同的预制声音的集合。不像合成器是通过大量令人生畏的数学计算制作出来的，样本包括鼓声、循环旋律、周围环境等的录音。

▱ Lang：语言的简写——这个部分列出了在 Sonic Pi 中可以使用的所有命令和特殊词汇。

在小屏幕上，你只能看到部分分组。如果你将鼠标移动到帮助栏的顶部，光标会变成双箭头。现在你可以上下拖动帮助窗口的顶部以显示较多的帮助主题和较少的代码窗口。

图 7-5 显示了一个较大的帮助窗口。

你可以学习教程和示例代码。单击并拖动鼠标以高亮代码——在教程里它是红色的，在示例里是蓝色的。单击右键并选择复制。选择一个空白的工作空间，单击右键，选择粘贴。然后单击运行。要清洁一个工作空间，单击右键，选择清除所有并按下删除。

图 7-5

理解工具

位于窗口顶部的工具用以控制 Sonic Pi 的主要属性。大多数工具或多或少能做些你预想的事情，但也有一些不是那么容易理解的属性：

- ✔ **运行**：运行当前工作空间的代码。
- ✔ **停止**：停止所有工作空间中的所有声音。
- ✔ **保存**：保存当前工作空间中的代码。不幸的是，现在的版本中还没有加载选项，尽管它在以后的版本中有设计。所以现在暂时忽略这个按钮。
- ✔ **录音**：录制声音。当你单击停止时，Sonic Pi 要求输入文件名以便保存文件。
- ✔ **尺寸 + 和尺寸 –**：让在窗口中的代码更大或更小。这并不改变声音；它只是让读 / 编辑代码更容易 / 更困难。
- ✔ **对齐**：应用一些魔法使工作区中的代码按正确的方式排列起来。
- ✔ **信息**：显示关于 Sonic Pi 的信息窗口。你最多单击这个按钮一次。
- ✔ **帮助**：显示 / 隐藏帮助区域。
- ✔ **偏好设置**：为树莓派上设置声音。如果你用小屏幕使用树莓派，只有在你单击工具区域最右边的双箭头时才会看到这个按钮。

如果稍不小心，你可能会让工具栏消失。为了让它再次出现，单击日志栏的日志右边的栏，并在出现的菜单中选择工具。

因为 Sonic Pi 的 2.4 版本不能保存和加载代码。这是一个大问题！据说，这些功能将在版本 3 实现（编者按）。同时，这有一个变通方案。你可以从 Leaf 编辑器中复制和粘贴代码以保存和重新加载它。这不是一个方便的解决方法，但确实有效。

理解代码完成

当你在代码窗口输入命令时，Sonic Pi 试图猜到剩下的部分。它的猜测并不十分聪明——它把所有的可能按字母顺序显示在代码旁的一个浮动菜单里。

你可以滚动这个菜单，用鼠标选择一个命令，或者继续输入，缩小选择范围。当菜单高亮你想要的命令时，按回车键，Sonic Pi 将为你输入其余部分。图 7-6 显示了浮动菜单。

这个功能称为代码完成（code completion）。许多专业开发人员使用的代码编辑器都有这个功能。它真的可以节约时间，所以习惯使用它是个好主意。

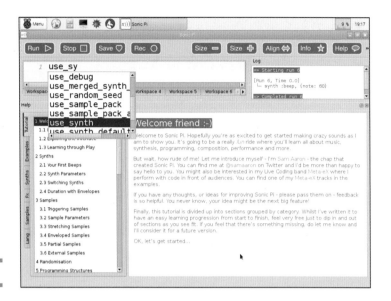

图 7-6

理解音乐和声音

用 Sonic Pi 创作声音不需要了解很多关于音乐的知识，但知道不同的特性还是有帮助的。

使用音符值

音乐由音符组成。你可以用多种方式告诉 Sonic Pi 演奏哪个音符。

音符值的范围是从 0 到 127。通常不会使用音符值低于 24 的音符，因为它们的声音模糊——或者低得听不到！音符值超过 100 的音符太高，可能会伤害你的耳朵。

由音符值 40 到 70 的音符组成的曲调听起来不错。这只是一个粗略的指南，而不是准则。

音符值不一定是整数。你也可以这样做：

```
play 59.95
play 60
play 60.05
```

使用几组有细微差别的音符值制作大而厚重，并且有趣的声音是个好方法。

如果音符值差别较大，音符听起来像走调的。

有较大偏移量的音乐叫作微分音。这被专业作曲家用来创作不同寻常的声音和气氛。

使用音符名

如果你对音乐有所了解，你可以在常用的音符字母名 ABCDEFG 前放置冒号来使用它们，例如：

```
play :e
```

你可以添加 0 到 10 之间的数，叫作一个八度，这会使音高更低或更高。

```
play :e2
play :e5
```

八度有一个奇妙的特性。很神奇地，英文中的字母与音符一一对应，即使它们的音高不同。

你还可以加入升调（s）让音高更高一点或者降调（b）使音高稍低：

```
play :c
play :cs
play :cb
```

使用合成器

为了用 Sonic Pi 创作音乐，你使用代码来选择和演奏音符，然后把音符发送到合成器或者样品中来制作声音。

使用合成器的命令是

```
use_synth :synth_name
```

单击帮助窗口左边的合成器选项卡会看到一列名字。每个合成器的声音都是不同的。试着听听这些声音是怎样的。

冒号使用在合成器名称之前，中间没有空格。它没有紧接在 use_synth 的后面。在记住之前，你可能会犯几次错误。

你可以通过用不同的合成器演奏相同的音符，最终制作一小段曲调：

```
use_synth :fm
play 60
sleep 0.25
use_synth :mod_beep
play 60
sleep 0.25
use_synth :growl
play 60
sleep 0.25
use_synth :hollow
play 60
```

使用合成器参数

合成器的声音并不固定。但合成器仍然有设置，叫作参数，用于改变声音。一些设置是标准的，它们对所有的——或者大部分的——合成器有效。有些标准则单一对应某一个合成器。

将参数添加到音符中使用，像这样：

```
play 60, amp: 0.1
```

amp 参数使声音更大或更小。

如果你想使用更多的参数，用逗号隔开：

```
play 60, amp: 0.1, pan: -1
```

表 7-2 中列出的参数对大多数合成器有效。起奏、衰减和释音以秒为时间单位，可以从 0 到你想要的时长。

表 7-2	一些标准合成器参数
参数名称	**它能做什么？它的取值范围是多少？**
Amp	设置音量：0 到 1
Pan	在扬声器之间移动声音：-1 到 1
起奏（Attack）	控制声音开始的速度
衰减（Decay）	控制声音开始后到达维持音量的速度
维持（Sustain）	衰减后的音量：0 到 1
释音（Release）	控制声音减弱的速度

你可以创作几分钟才开始和几个小时才减弱的音乐。它们听着不是很有趣，但是如果你想制作这样的音乐，Sonic Pi 可以让这一切成为可能。

理解默认参数

合成器中有预制的参数设置。当你使用一个合成器时，它使用默认值设置数字，除非你将你自己的设置添加到音符中。

单击帮助窗口左边的合成器选项卡并单击列表中的任意合成器，你将看到一列参数和默认设置。合成器名称下面的窗口显示了此合成器中所有可以使用的参数名称和每个参数的默认设置。

例如，如果你查找名为 dsaw 的合成器，图 7-7 显示默认维持值为 0，默认中断值为 100，等等。

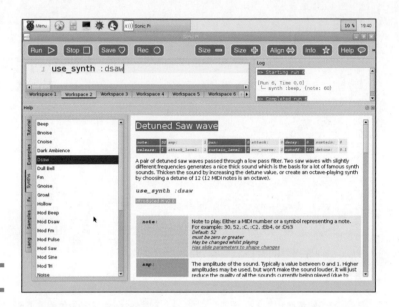

图 7-7

如果你不知道参数的功能，试着用不同的设置演奏，看看声音如何变化。合成器的参数名称来源于合成器的硬件和电子音乐插件。如果你想了解更多，你可以试着网上搜索参数名称。

创作更复杂的音乐

你现在知道得足够多，可以开始制作简单的音乐了。通过切换合成器和改变参数，你可以创作一些非常酷的音效，即使你只是重复演奏同样的音符。

如果你了解更多关于音乐的知识，你可以选择音符值和字母名字来创作曲调，还可以同时演奏许多音符来制造和弦。

Sonic Pi 包含一些节省输入的特性。你可以编写一些简单的代码重复一小节的音乐，而不需要复制和粘贴。你还可以使用一系列其他的声音创作更有趣的曲调。

花些时间尝试操作合成器、音符和设置，看看你自己能做什么。

这部分不会产生错误；只是音乐的有趣程度不同罢了。

如果你想了解更多关于音乐的知识，你可以在网上找到大量关于音乐理论的信息，这会告诉你如何选择和组合音符以制作旋律。这是一个巨大的主题，但是你可以用一两个晚上获得一些基本知识。

第3周

了解更多的程序

这一部分里……

第 8 章
开始使用 Python

计算机专家享受创造新的编程语言。毫不夸张地说，在任何时候你都有几百种语言可以选择，但只有少数语言是流行的。

这个项目引入了名为 Python 的流行编程语言。不同于其他语言，Python 的学习、使用都很容易。同时它也是一门被成人用于真正工作的成熟语言。如果你学习了 Python，你将会走上创造可以出售的软件的道路上。

接触 Python

Scratch 是开始学习让计算机做你想做的事情的最好途径，但它仅仅是一个开始。

Scratch 有很多事情不能完成。例如，你不能创建自己的桌面，不能在网页上搜索信息，或者发送 Tweet。

对于更大、更巧妙的项目来说，你也需要以一个更大、更巧妙的方式给你的计算机发布指令，当然这有很多方式。最流行的方法之一是使用编程语言输入指令。编程语言接收你的指令，并试图理解它们。如果你的指令是对的，编程语言告诉计算机芯片和计算机的其他部分它们需要做什么。

编程语言可以节省时间，因为你不需要考虑计算机工作时所执行的所有复杂的事情。你只需使用看起来有点像英语的指令，而编程语言完成剩下的工作。

尽管 Scratch 是非常简单的编程语言，但它非同寻常。大多数语言不会提供可以放在一起的指令模块。相反，你需要写命令（command）——这是告诉计算机你想做什么的特殊词汇。你写的一列命令称为代码（code）。

为了编写程序，你通过键盘将代码输入编辑器（editor）。编辑器有点像记事本应用程序或文字处理器，但它拥有辅助编写代码的特殊功能。一些编辑器甚至可以运行代码，以便立刻检查代码是否可以正常工作。

在树莓派上找到 Python

树莓派系统中有一个搭配了编辑器的 Python 版本。它在桌面上显示为 IDLE，如图 8-1。

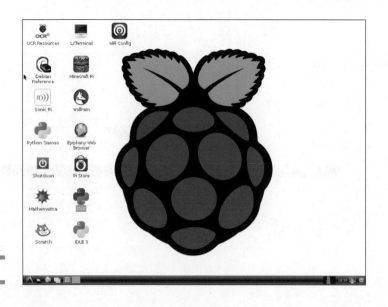

图 8-1

本书中使用的图片是老版的树莓派桌面，这样你就可以看到老版的样子，以防你买到老版本的存储卡。在本书其余部分，你可以看到新版的树莓派桌面。Python 在两个版本的桌面上运行方式相同。

开始使用 Python, 请执行以下操作：

1. 如果树莓派还未运行，启动它。

2. 如果你的桌面还没打开，请输入 startx 并按回车键。

3. 找到标记为 IDLE 的图标。

如果你观察得非常，非常仔细，你会发现一个标记为 IDLE3 的图标。忽略它。它会启动另一种Python。如果你试着使用它，本书中的一些代码将不能运行。这与我们的初衷相反，所以不要单击那个图标！

4. 双击图标。

你会看到一个标记为 Python Shell 的窗口，如图 8-2 所示。

在较新的桌面上，单击右上角的菜单按钮，并选择编程⇨Python 2。忽略 Python 3！

图 8-2

在计算机领域，shell 与海洋无关。你使用 shell 告诉计算机要做什么。在这里，你使用 Python shell 告诉 Python 要做什么。shell 包含一个编写代码的编辑器，但你也可以用它向 Python 发送简单的命令。shell 运行这些命令并显示 Python 通过这些命令做了什么。

这叫技术支持

你可能注意到在窗口顶部的日期不是当前日期。这是创造 Python 的人把 Python 发布给全世界每一个人使用的日期。有些人会对这个日期感到困惑，所以把这个困惑解决了比较好。

创建 Python

在你尝试使用 Python 前，你可以使编辑器中文字更大、更容易阅读。如果你有一个墙壁大小的显示器并且可以很好地看清文字，你可以跳过这一步。否则，请执行以下操作：

1. 在 Python Shell 窗口顶部的菜单中，单击选项（Option）按钮。

2. 单击配置 IDLE，如图 8-3 所示。

IDLE 偏好窗口出现。

图 8-3

3. 在"字体"选项卡中，单击尺寸选项框。

4. 单击下拉列表中数值，如图 8-4 所示。

已经为你预选的默认（default）字号是 10。选择一个更大的数值使文字更大。本书中的 Python 示例使用 14 号字，使它们在页面上更容易阅读。这个字号可能对你来说太大。可以先尝试将字号设置为 12。

5. 单击 Ok 以设置新字号。

当你改变文字大小时，文字变大，窗口也会变大。

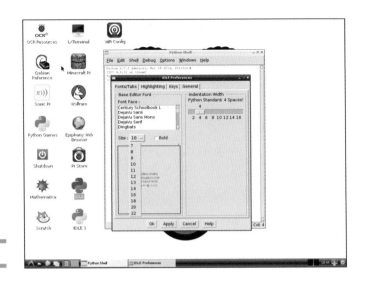

图 8-4

如果你设定了非常大的字号，窗口可能不适合显示在屏幕上。通常这不会造成问题，但它看起来有点奇怪和扰人。如果窗口实在太宽，你不能看到窗口中的所有文本，那么你应该重新选择了。

释放 Python 的数学能力

现在你可以释放 Python 的超级计算能力。由尖括号组成的线称为提示符（prompt）。它就像 Linux 提示命令，唯一区别是它发送命令给 Python 而不是 Linux。

在提示符中输入以下命令然后按回车键：

```
>>> 1 + 1
```

哇呜！Python 立即解决了这个棘手的问题，在图 8-5 中你可以看到。

显然，Python 可以处理更复杂的数学问题。尝试类似问题：

```
>>> 1/81.0 * 100
```

别忘了按回车键。你会发现 Python 可以轻易处理更复杂的数学问题。

Python 比简单计算器更精确。在计算器上尝试同样的计算，得到的答案有效位数较少、没有那么精确。对于简单的课堂算术来说，这个小小的区别并不重要，但有些大学级别的数学问题需要非常准确的答案。计算器不能胜任，但 Python 可以。

图 8-5

代码有错

图 8-6 展示了当 shell 不能理解你想要做什么时的情况——要么因为你的代码有错，要么因为你尝试让它疑惑，像我之前做的一样。虽然两者的区别并不明显，但都会出现奇怪的信息，表示"我不明白最后一个命令。再试一次。"

图 8-6

Python 可以显示各种各样的错误信息。当你使用了一段时间的 Python，你会发现这些消息正试图给你有用的提示。在那之前，这些消息很难理解，因为它们看起来有点像随机文本。大多数编程语言都有这个问题。当有错误发生时，你看到的错误消息看起来都比较奇怪，不那么像英语，它们经常不像它们本该地那样清晰、有帮助。

保存信息

编程语言花费大量时间保存信息。在大多数语言中，包括 Python，你通过创建虚构的盒子存储信息。你必须给每个盒子一个不同的名字才不会将它们搞混。

盒子每次只能保存一条信息。你可以改变盒子里的信息，也可以打开盖子，看看里面是什么。

作为简单的开始，你在盒子里存储数字。（你也可以在盒子里存储单词，但存储单词需要特殊的代码，所以现在不要尝试。）

在计算机术语中，这些盒子被称为变量（variable）。这是一个巨大的、令人生畏的词语，但它只是表示一个装着信息的盒子。

当你对 Python 了解更多之后，你会发现你可以把一些盒子放到其他盒中成为集合。通常，这个集合对同时处理大量的盒子很有用。把盒子放入集合进行处理比较容易。否则，盒子到处都是，会引起巨大的混乱。

创建变量

创建一个变量，然后将数值放进去，请输入以下代码并按回车键：

```
my_number = 1
```

你可能已经猜到了这句命令的作用：它创建了一个叫作 my_number 的盒子并把 1 放进去。

组成盒子名称的两个单词之间的线被称为下划线。这与负号不一样。如果你误输入了负号，Python 将会困惑。对于大多数键盘，你可以按住 Shift 键的同时按下负号键输入下划线。

如果你没有犯错，Python 会运行这段代码，但看起来会像什么事都没发生。Python 会在新的一行显示提示符，并继续等待。

但是如果你输入

```
print my_number
```

并按回车键,Python 会浏览盒子的集合,找到叫作 my_number 的盒子,然后显示你让它保存的数值,如图 8-7 所示。

变量是可变的,所以如果你输入

```
my_number = 2
```

并按回车键,然后检查 my_number 里面是什么,你就会看到你已经成功地把 2 放进去,如图 8-7 所示。

print 命令并不是打印在纸上——它输出到屏幕上。在 shell 中,不需要输入 print 查看盒子里的东西。这里包括 print 命令只是为了让示例更加清晰明了。但如果你很忙,你可以不使用它,只输入变量名。但这仅在在 shell 中有效!在编辑器中,当你想让 Python 显示某个变量里面是什么时,你必须使用 print。

图 8-7

使用变量

为什么花费时间把数字放到盒子里? 这有一个便捷、奇妙的技巧:你可以告诉 Python 用盒子的数字做数学运算。输入以下命令(别忘了在每行的末尾回车):

```
my_other_number = 10
my_number * my_other_number
```

Python 对盒子里的数字进行计算。

这太强大了！这意味着当你有大量变量和各种信息时，你可以把一切以复杂的方式组合起来。

例如，你可以把一列数字交给 Python，让它为你算出总和，而不需要手动求和。如果任何数字有改变，你可以改变盒子里的值，让 Python 重新计算总和。

你不需要再次输入所有的数字。太棒了！

创建配方

你第一次获得了计算机的超级力量。你可以制作盒子，把数值放进去，然后用它们做数学运算。最后一个神技巧是将算术结果放入一个新盒子，像这样：

```
my_big_number = my_number * my_other_number
```

在计算机术语中，使用 * 符号进行乘法运算。通常，这个符号在键盘的数字键盘的数字 9 的上面，或者用 Shift + 8 输入。不要使用 x 或者 X，因为 Python 会认为你试着用文字或字母或其他什么做一些事情，它将不会运行。

这一行代码实在太棒了。你已经为处理信息制作了配方（recipe）。你不需要知道盒子里是什么。只要变量里有数字，代码就可以运行。它不用关心数字是什么，并适用于所有数值。

需要注意的是你不能对单词、集合、照片或者音乐做乘法！

编写计算机程序通常意味着制作配方。例如，你可以制作计算配方，而不是在特定的数字上做数学计算。然后，每当你需要做数学运算时，你可以重复使用这个配方。

这就是为什么计算机很有用。你可以搭建用以处理几乎各种信息的配方——不仅仅是数字，还可以是文字、视频、音乐、网页和可爱的猫以及狗从滑板掉下去的图片。

在计算机术语中，配方被称为算法——也许是因为叫作配方听起来并不严肃，不够成熟。当你想看起来成熟的时候，最好使用一个比较难的词汇。

使用 shell 和编辑器

IDLE 不应该是代码编辑器吗？如何在 shell 中输入和编辑代码？shell 到底是做什么的呢？

在 shell 窗口中，逐行将代码直接键入 Python。当按回车键时，shell 检查代码是否正确。如果正确，将它发送给 Python。如果 Python 返回一个结果——类似数学题的答案——它会显示在窗口。

大概地，shell 的配方看起来像这样：

1. 显示提示符，等待用户输入命令并按回车键。

2. 读取命令。

3. 检查命令是否正确。

4. 如果有问题，向用户报告，去第 7 步；如果没问题，发送命令给 Python，继续第 5 步。

5. 等待 Python 运行命令并返回结果。

6. 如果产生结果，在 shell 窗口中显示。

7. 显示提示符，再次等待。

你不需要记住这个列表。这里的重点是，shell 是一个计算机程序。Python 的创造者需要勾勒出这样一个列表，以便让他们知道 shell 要做什么。然后他们为每一步编写代码，使它运行。

Python 的内部真的非常复杂。但是当你编写程序时，你最好在编码前大致勾勒出代码的各个步骤。

这些大概的步骤有时被称为规范（specification）。它有点像整个程序的配方，但不包括每一步的代码。一个好的规范概述了程序要做的所有事情。它甚至包括所有可能出错的情况，以便程序足够智能来处理人类用户的错误。

规范有点像为编写代码寻找方向的地图。每一个代码块执行一件小而简单的事情。当你把所有代码块放在一起时，它们可以做些大的、复杂的、智能的事情——例如，运行 Python，制作一个大网站，管理手机中所有的应用程序，或确保你用微波炉做爆米花时，不会突然起火、烧毁房子。

打开编辑器窗口

如果你想运行一系列的命令而不用一个一个地输入呢？IDLE 可以实现这个想法，但首先需要你打开编辑器窗口。

选择文件 ⇨ 新窗口，打开窗口。图 8-8 展示了结果。当你打开新的编辑器窗口时，它标记为无标题。它是完全空白的，没有提示符，菜单选项也是不同的。

图 8-8

添加代码

将代码输入窗口。像往常一样，在每一行的末尾按下回车键。编辑器不会尝试运行代码。它仅将光标移动到下一行。

为简单起见，将基于本项目中剩下的命令输入代码。创建两个变量，放入数字，做一些简单的数学计算，包括使用 print 命令展示结果。

图 8-9 展示了一些可能用到的代码。这些代码我也列在这里，让你不必费力地去看页面截图：

```
my_number = 1234
my_other_number = 5678
my_product = my_number * my_other_number
print my_product
```

当你输入时，编辑器用红色标出 Python 识别的单词。Python 不能识别你的变量名，因为是你发明了它们。它能识别 print，因为 print 是一个 Python 命令。

图 8-9

运行代码

如何将代码发送给 Python 并运行？单击运行 ↪ 运行模块 F5 或按键盘上的 F5。

不，你仍然不能运行它。因为你必须先保存代码。如果你还没有保存代码，Python 会用警告框骚扰你。单击警告框中的 OK，打开保存对话框，如图 8-10 所示。

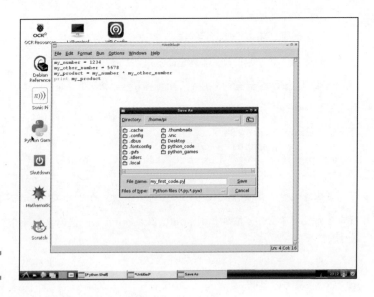

图 8-10

文件选择器指向你在 Linux 中的主目录。如果你作为普通树莓派用户登录，主目录就是 /home/pi。

输入文件名，然后单击保存按钮。Python 文件需要 .py 的扩展名。记得包含它。例如，你可以将文件命名为 my_first_code.py。

如果你比较懒，你可以将它命名为 a.py，但是几个月之后你会回到你的主目录，想不明白为什么所有的 Python 项目命名为 a.py，b.py 和 c.py 等等。

不幸的是，你不能在文件选择器里创建目录。这是一件坏事，但它就是这样。如果你想在目录里保存所有的 Python 项目——这是个好主意，但不完全有必要——单击文件选择器里的取消按钮，打开桌面文件管理器。在 home/pi 里创建一个新的目录，称为 python_code，包含下划线，不使用空格，因为这样的目录便于 Linux 命令的使用。

单击保存按钮。Python 转换到 shell 窗口，显示一个大的重启信息。如果你的代码没有任何错误，你将看到一个像 Python 算出的数字并显示答案。得到的数字取决于你代码中的数字和执行的数学计算。

检查代码

如果你的代码有错，单击编辑器窗口，再次检查代码。你是不是没用下划线而用了负号？你是不是输错变量名，以至于变量不能匹配？你是不是用 X 代替了 *？你是不是添加了多余的字母或字符？你是不是把所有代码都放在一行？

计算机是超级挑剔的。Python 不在乎你怎么拼写变量名。yo_sup_dawg、bannnnnnnnnana 和 ftryurgh 都可以。但是如果你没有在你的代码中使用精确的相同名称，精确的相同的拼写和下划线，Python 将会困惑。足够近似并不代表足够好。精确才意味着完全一样。没有例外。（我不是已经提过了吗？）

第 9 章
用 Python 创作猜谜游戏

第八章介绍了 Python 编程语言。本章解释了如何做一个简单的单人的数字猜谜游戏。玩家想一个在 1 到 10 之间的数字。你的代码猜测这个数字。

听起来很简单，对吧？

没有那么容易。你必须考虑可能在游戏中发生的一切。你还必须学习更多关于 Python 的技巧。

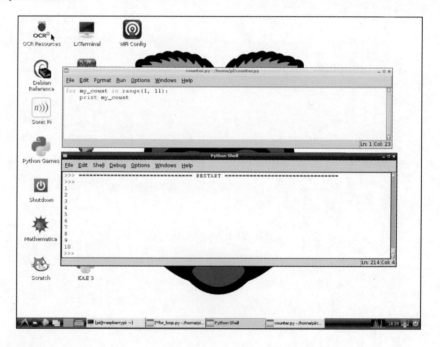

思考代码

考虑代码意味着你是一个糟糕的程序员吗？

不！

这很好。这意味着你必须思考你在做什么。优秀的程序员在开始编写和输入代码之前会考虑很多。他们从将一个大而复杂的问题分解成各个小步骤开始，然后一步一步地完成。

优秀的程序员必须一直学习新技巧。你可能认为开发人员已经知道他们需要知道的一切。

如果是这样，这将是一件很酷的事。但并没有。

软件开发人员必须一直学习新事物。有时，这意味着查找如何使用新语言——例如 Python；有时，这意味着发现是否有人针对某个问题发明了一个巧妙的解决方案；有时，这意味着思考其他开发人员正在编写的代码和项目，看看是否可以从他们那里学到什么。

所以，不知道从哪里开始很正常。大多数项目就是这么开始的。

找出你需要学什么

要做一个像本章这样的项目，你必须大概勾勒出你的游戏如何运作，而不要担心充满技巧的细节。

这部分很简单。大多数计算机软件具有相同的构造。它看起来像这样：

1. 问用户一个问题，等待用户单击或按下按键，或从文件加载一些信息。
2. 检查用户是否犯错。
3. 做一些有用或巧妙的东西。

对于这个游戏来说，这意味着明白如何猜到数字。

4. 显示响应和 / 或将其保存到一个新文件。
5. 检查是否完成。
6. 如果完成了，停止；否则，回到步骤 1 再一次运行。

大多数游戏等待用户在手动控制器上按下一个按钮或在屏幕上单击控制按钮。当某事件发生时，游戏通过更新宇宙飞船，或者宝藏，或者可爱的糖果的位置进行回应，也许会增加分数——除非飞船炸毁，其他团队的独角兽偷走了宝藏，或者糖果消失。在这些情况下，音效减弱，悲伤的音乐响起，玩家必须重新开始。

在计算机领域，来自外部世界的信息被称为输入（input）。软件获取输入，然后对它做一些巧妙的事情，产生输出（output）。信息通常称为数据（data），这代表你需要处理的一切。做一些巧妙的事情被称为处理数据（processing the data）。这个循环的简化版为输入 ⇨ 处理 ⇨ 输出。

制作待办清单

当你有了思路框架后（ 见图 9-1 ），你会发现你需要学习的东西。首先列出自己的学习清单，看看它和这个清单有多像：

- 如何用 Python 问玩家一个问题？
- 如何从玩家处得到答案？
- 如何检查答案是否有意义？
- 如何用巧妙的方法猜出数字？
- 怎么知道什么时候完成？
- 如何使代码循环？
- 怎么停止代码？

软件如何运行

图 9-1

一个简单的游戏仍然存在很多问题需要解决！

但是，等等！你不需要马上回答所有问题！你可以一次解决一个。制作游戏突然看起来不是那么艰巨的工作了。它仍然是一个大任务，但它没有大到完全不可思议的范畴。

将一个困难的问题，例如"做一个很酷的游戏"，拆分成很多简单的问题，例如"怎么停止？"是唯一的方法。你在输入时，试图让游戏的所有部分同时工作，就像跳进鳄鱼坑并试图立刻对抗所有鳄鱼，但一只手绑在鼠标上，另一只连着你的头脑。

一步一步解决问题意味着你为每个问题编写代码时可以不用担心其他问题。

所有事情一起做只会让你混乱，并给鳄鱼一个不公平的优势。你不想要那样——即使你喜欢鳄鱼。

一些关于软件的书列出了你应该输入的代码，然后——如果你幸运的话——它们稍稍解释一下它是如何工作的。这样做看起来很容易，但是它没有教你如何写自己的代码。首先提问和思考的部分看起来更困难，但一旦你克服了开头的可怕部分，你会更快地编写更好的代码，你将不太可能被卡住。

问玩家一个问题

怎么用 Python 问玩家问题？你怎么找到如何问问题的相关信息？

上网搜索！打开树莓派上的 Epiphany 网页浏览器——相关详细信息请参阅第五章。然后在顶部的搜索栏中输入 Python ask question（Python 提问题）。图 9-2 显示了你可能看到的结果。（你可能不会得到完全相同的结果，但你应该会看到类似的条目。）

为什么不查找 Ask a question in Python（用 Python 提问题）？有时候完整的英语问题还可以用，但有时它们会困扰搜索引擎，所以搜索时最好不要使用它们。

搜索引擎有点愚蠢，它们不明白英语问题。它们只是查找重要的单词，所以你可以省略不重要的单词，例如 a、the 和 of。把最重要的单词放在前面，你将会得到更好的答案。在这个例子中，Python 是最重要的单词。这就是为什么要用"Python 问问题"。

图 9-2

当你搜索 Python 问题的答案时，你会看到许多指向两个网站的链接。现在还不要去访问它们！http://docs.Python.org 是 Python 的官方手册和指南。http://stackoverflow.com 是成熟的开发者提问和回答的地方。当你在 Python 上花费了更多时间的时候，你可以去看这些网站。当你刚开始使用时，它们有太多的细节——并且在 stackoverflow 上，开发者们经常彼此意见不一，这可能不会帮你找到你需要的东西。

使用 raw_input

花点时间浏览置顶条目。你现在知道如何提问题并得到答案了吗？搜索网页，你将获取答案：你可以使用称为 raw_input 的 Python 命令，从用户那里得到答案。

你需要添加一些看起来像这样的代码：

```
player_answer = raw_input("Question: yes or no?")
```

你也可以在一行里混合使用 print 和 raw_input，用逗号隔开。但是你并不是真的需要 print。如果你用圆括号和双引号包住你的问题，raw_input 会直接把它输出到屏幕上。

尝试你的新技巧

当你继续进程时，测试代码总是好的。有时把编写测试作为一个小项目会更容易。

测试提问题的代码：

1. 选择文件 ➪ 新窗口，打开新的编辑器窗口。

2. 输入如下代码：

```
player_answer = raw_input("What is your answer? ")
print "Your answer was: " + player_answer
```

3. 将文件保存为 question_answer.py 并运行。

如果你没有输入错误，你应当会看到类似图 9-3 所示的信息。

`raw_input` 并不在乎用户输入的是什么。它就像一个愚蠢的机器人。如果你输入一堆胡言乱语，它也会将胡言乱语保存到 `player_answer` 变量中。

下一行代码中输出 `player_answer` 中的信息。它不在乎其是否是胡言乱语。

图 9-3

但是，嘿，你已经勾选了待办清单中的整整两项！你已经知道了如何问用户问题，以及如何得到一个答案。

了解答案是否有意义是个不同的问题。

这就是把任何大项目分解成许多微小的问题很酷的原因。你可以通过一次解决一个问题，慢慢地取得进展。

为什么第二行有个 + ？因为你可以用 + 将两段文本连起来。因为有 +，并且两段文本写在一行，print 命令才将它们粘起来。（你不能在文本上进行计算，这不是真正的计算。它只是看起来有点像数学运算。）

检查答案

检查答案是否有意义，你需要知道好的答案和不好的答案的区别。

在这个例子中，你正在做一个猜谜游戏，所以让它保持简单。你需要非常简单的答案——"是"或"否"。如果玩家输入其他答案，你的代码应该忽略它。

但代码不能仅仅忽略它，代码要继续运行。它需要继续重复地提问题，直到玩家输入"是"或"否"。因此，检查必须测试再次提出问题的循环，直到得到规定的答案。

现在你必须用两个新问题更换一个老问题（如何检查答案是否有意义？）

🖛 怎么检查答案是否为"是"或"否"？

🖛 怎么重复提问这个问题，直到答案为"是"或"否"？

那不是更多的工作吗？是的。但是你经常需要把一个问题分解为更小的问题。当你处理待办清单时，你发现你的待办清单会变长一段时间，这很正常。

它最终会变短的。我保证！

如果你正在做更大的游戏，你必须不断地将问题分解成更小的问题。真正的大游戏，像愤怒的小鸟、粉碎糖果，或侠盗猎车手，都是由数千问题组成的——问题太多以至于一个人不能解决。团队的开发人员一起工作数年，但他们仍然在做你正在做的事情：将大问题分解成许多小问题，然后一个一个地通过编写代码来解决。

检查"是"或"否"

如果你花了一些时间熟悉 Scratch，你就会知道有两种方法检查一些事件是否为真。你可以使用 if，像这样：

```
if something is true
    do a thing
else
    do some other thing
```

或者你可以用 repeat...until，例如：

```
repeat
    do a thing
until
    some test is true
```

if 解决了一半的问题。你可以用它来检查"是"或"否"，但它不能提供不断地问相同问题的方法。

repeat…until 听起来完美。它在检查的同时循环，像这样：

```
repeat
    answer=raw_input("Question...")
until
    answer = "yes" or answer = "no"
```

问题不断出现，直到答案为"是"或"否"。完美！

但是，呃，不幸的是，Python 不能理解 repeat…until。

等一下……

answer = "yes" 不就是意味着你将 yes 的值保存在 answer 变量中？这不就是用作检查吗？

如果你发现这是错的，你将成为一位计算机天才！太棒了！如果你没有发现这个错误，别担心。大多数人都错过了它。事实上，一些开发人员忘记了它，即使他们已经编写软件多年。

检查所有事情

你必须知道检查两件事是否一样的神奇词汇。这个神奇的词汇是两个等号，而不是一个，像这样：

```
repeat
    do really cool stuff
until
    answer == "yes" or answer == "no"
```

为什么？因为它就一直是这样用的。这是一个神奇的词汇，你必须知道。这就可以了。

到处看看

现在一半的问题解决了。在 Python 中，什么可以用来完成和 repeat...until 一样的工作？

如果你上网查询，你会看到它被称为 while。它这样使用：

```
while [include a test here]
    do cool stuff
    do more cool stuff
carry on from here...
```

只要测试的结果为真，很酷的事件将重复发生。代码一直在做很酷的事情，直到测试结果为假/非真。然后 Python 移动到将要发生的事情。

问题解决了吗？快了，但不完全。

反向检查

这里有一个问题：代码应该什么时候循环？应该在 while 中放入什么测试？

看看表9-1，它会帮你猜想。

表 9-1　　　　　　　　什么时候应该循环、再次提问？

如果答案是"是"	如果答案是"否"	应该再问一遍吗？
应该	无所谓	不应该
无所谓	应该	不应该
不应该	不应该	应该

当玩家的答案不为"是"时，代码应该循环，而在答案为"否"时不用循环。

这一点，要么似乎完全明显，要么看起来极端怪异。有些人对检查两件事是否为真的想法可以接受，但其他人觉得很难。如果它看起很难，直接跳到代码，不要思考太多的逻辑。

如何检查某物是否与另外的事物不相同？你需要另一个神奇的词汇。它看起来像这样：

```
if answer != "yes"
```

在英语中，当你看到 != 时，你会说不相等。因此，这段代码检查答案是否不是，不等于，大体上不同于"是"——这是你需要的。

while 的测试看起来像这样：

```
answer = raw_input("Question: yes or no? ")
while answer != "yes" and answer != "no":
    answer = raw_input("Question: yes or no? ")
```

你需要在进入循环之前设置测试失败，以确保 raw_inputh 至少发生一次。你可以让它空白，但寻找一些有用的输入并检查它也很简单。

在 Python 中，官方认可的 while 循环使用方式与此不同。它始于 while True:，后面紧跟你想做的很酷的事情的代码。这里的版本可以运行得很好，也更简单。通常，编写可用的代码有多个方法。正确的方式取决于传统、风格以及你的老板或老师有多权威和多可怕。

添加冒号和缩进

你还必须在测试后放一个冒号（ : ）。Python 要求代码的每个测试后都有一个冒号。（这是另一个"因为原因"的神奇词汇。）

当这一行以冒号结束时，编辑器会自动地、免费地缩进到下一行，即在这行的开始，添加一些空格。

Python 使用额外空格标记缩进的代码是属于 while 的。如果它没有这样做，它将不知道跳过 while 之后运行哪段代码，它会变得非常困惑，从而不知道应该做什么。

图 9-4 展示了相同代码的轻度混合版以及扩大版。为了清楚地理解，变量叫作 player_answer，但是它和前一页的代码运行方式一样。

正如你看到的，你可以输入任何废话而代码不断问你"是"或"否"，它没有情绪，就像《终结者》里的机器人。只有当你输入"是"或"否"时，它才会放弃。

图 9-4

哇哦！行得通！但这对一个简单的事情来说是很多工作，不是吗？

软件花费大量时间检查输入是正常的。人类是不可预测未来的，但好的软件可以处理每一个人类可能会做的事情。这可能需要很长时间，因为有太多太多的可能性。

人类也是鬼鬼祟祟的。对于重要的网站，尤其是购物网站和银行网站，必须更小心地检查以防黑客入侵。否则，黑客将盗走他们能找到的所有信用卡号码用来给自己和朋友们买满车的好东西。（这不是一个笑话。它真的发生了。）

重复问题

代码几乎已经准备好开始一个简单的游戏。你能问这样的问题：

```
Think of a number between 1 and 10!
Is your number 1 (yes or no)?
Is your number 2 (yes or no)?
Is your number 3 (yes or no)?
```

以及其他数字，直到

```
Is your number 10 (yes or no)?
```

这个版本的游戏总能猜到正确的数字。这并不新鲜、神奇或有趣。但它行得通。

编写用以处理简单的未完成的事情的代码也是可以的，尤其是当你学习新东西时。所以，把这个早期版本作为一个超级秘密实验。你不需要让任何人知道。能让它运行仍然是一个值得自豪的成就。稍后，你可以锦上添花地加入奇妙和神奇的技巧。

数到 10

怎么数到十？代码的编写方式有多种。你可以在代码周围再添加一个 while 循环，从 1 开始猜测，之后的每次猜测增加 1。当猜测为 11 时结束循环。

但如果你已经使用过 Scratch，你会知道另一种方式，称为 for 循环。不像 while 循环，for 循环包括一个用以计数的变量。这个计数器自动运行。代码每经过一次 for 循环，计数器的数值会比之前大 1。

在 Python 里使用范围

Python 中的 for 循环稍微有些奇怪。不能说"从这个数字开始，到那个数字结束"，而是必须给 Python 一个取值范围。

这是一个从 1 数到 10 的例子：

```
for my_count in range(1, 11):
    print my_count
```

这很容易理解。在英语中，它会说："计数从边界（1）开始，到边界（11）结束，输出每一次的结果。"

但是为什么最后的边界是 11 而不是 10？没有原因！这又是 Python 里没有意义的那些东西之一。你只需要在使用 for 循环时记住就可以了，结束的边界总是比你所预想的多 1。

图 9-5 显示了你现在可以在 Python 中数到 10。

所有计算机编程语言都会做一些没有意义的事情。Python 已经比大多数语言稍微好些了。但所有语言至少有几件事在你遇到时会让你觉得"嗯？什么？为什么？"当这一切发生时，你只需要去适应。

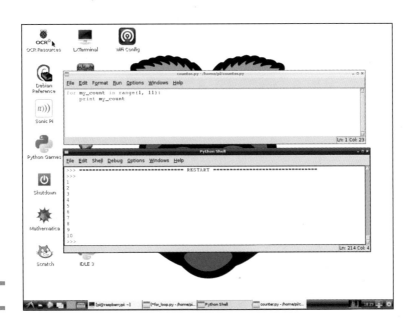

图 9-5

提前结束计数

如果你想要提早停止计数呢？如果你的游戏在数到 10 之前就猜到数字呢？

你可以用一个叫作 break 的神奇词汇跳出 for 循环，例如：

```
for my_count in range(1, 11):
    print my_count
    if my_count == 4:
        Break
```

当 my_count 为 4 时，for 循环伴随着急刹车的声音和橡胶烧焦的气味尖叫着停止。

当然，这不是真的。如果是真的会很有趣。但是没有。

然而，它确实提早停止了。有时这就是你想要的。

找出变量类型

记住，你不能在文本上进行数学计算。你不能在文本中加入数字构造单词和句子。

这意味着并不是所有的变量都一样。这样是不能运行的：

```
for my_count in range(1, 11):
    print "This number is: " + my_count
```

当 Python 输出单个变量时，它对你想看到的东西做出了最好的预测。你可以使用 print 输出数字或文本，这些都可以。

但 Python 也有点笨。它没有聪明到可以把文本和数字粘在一起运行。所以，当你试图用 print 在同一行中输出文本和数字时，Python 会崩溃，会不理你。

Python 中有两种保存数字的方式，只是为了迷惑你。你可以将它们保存为整数或者说"列表中的第五个项目"，这是计数的好方法。

或者你可以将它们整个保存为小数，这是当你需要做复杂的数学问题时的正确选择。

Python 还可以保存文本。文本只能是字母、空格和你的计算机键盘上所有奇怪的字符。

你可以将数字保存为文本——"5.1234"——但对 Python 来说，文本就是文本。"太棒了（Awesome）"或者"e78tgnjhtjgkyl6ui"没有区别。你不能在文本上计算——即使它由数字组成。它永远只是文本。

这有三个很有用的保存数据的方法。它们有各自的名字。表 9-2 和表 9-3 为你列出了它们。

整型（int）是整数的简称，它是整数的数学用语。浮点型（float）是浮点数的简称，它是带小数点的数的数学用语。字符串（string）是文本字符串的简称，这不是数学用语，也和其他种类的串没有关系，更不是生活中系东西的绳子。

表 9-2　　　　　　　　　　　　一些变量类型

类型名称	例子	用途
整型	10	只用于整数
浮点型	3.14159	带小数点的数
字符串	"text"	字母、单词和句子

你需要记住这个：所有类型变量的数学运算都是不一样的。你不能在字符串上做数学计算，但你可以使用 "+" 将一个字符串粘到另一个上面，连成更长的字符串。

浮点型可以进行数学运算。整型的数学计算比较特殊。你可以进行加法、减法和乘法运算。但如果你用一个整型去除另一个整型，你只能得到答案的整数部分。任何分数或小数都会消失！

表 9-3　　　　　　　　　　　　可以执行的数学运算

类型名称	可以执行的数学运算	例子
整型	只能进行整数计算（除法保留整数部分）	5/2=2
浮点型	所有数学运算	5/2=2.5
字符型	只能执行 "+"	"a"+"b"="ab"

发生这种情况有几个原因。如果你知道计算机如何运行，这些原因就是有意义的。使用整型计算比使用浮点型花费更少的时间、电力和计算机内存。在一个非常大的软件中，在可以节省时间和金钱的地方使用整型。这就是为什么有区别。是的，还有更多的类型——很多。但是三个就足够了。

转换类型

数据之间类型的转换很实用。而且你可以这么做！Python 包含一个相关操作的工具包。如表 9-4 所示。

表 9-4　　　　　　　　　　　　转换类型

转换代码	功能	例子
int（variable）	创建一个整型	int（5.9）=5
float（variable）	创建一个浮点型	float（5）=5.0
str（variable）	创建一个字符串	str（1）="1"

你看到了吗？`int(5.9)` 仅保留了整数部分而扔掉了剩下的部分。它并不试图将结果向上取整为 6。它只是丢弃了不是整数的一切。要小心！

输出文本和数字

你可以制作"重复问题"一节中的示例。在计数器变量周围添加 `str()`，突然间你

可以把数字和文本组合起来:

```
for my_count in range(1, 11):
    print "The count is: " + str(my_count)
```

将猜谜游戏组合起来

现在你可以勾勒出猜谜游戏的一个简单版本,它是这样的:

1. 使用 for 循环从 1 数到 10。

2. 显示当前的猜测。

3. 如果答案正确,要求玩家输入"是";如果答案不正确,输入"否"。

继续问,直到玩家输入"是"或"否"。

4. 如果玩家说"是",输出"我猜到了!";否则,返回到步骤 2,允许循环尝试下一个数字。

如果你已经猜到 10,但玩家还没有说"是",怎么办?显然,这种情况是不可能的,除非玩家是欺骗计算机的坏人。所以,你可以添加最后一步:

5. 如果你已经猜到 10 但玩家还没有答"是",将玩家称为骗子。

你现在应该足够了解 Python,可以编写代码来实现这个过程了。为了节省时间,这有一个可能的答案。

```
for guess in range (1,11):
    answer = raw_input("Is your number " +
    str(guess) + " - yes or no? ")
    while answer != "yes" and answer != "no":
        answer = raw_input("Is your number " +
    str(guess) + " - yes or no? ")
    if answer == "yes":
        print "I guessed the number!"
        break
if answer == "no":
    print "You're lying!"
```

图 9-6 显示了它是如何在树莓派上运行的。

这个页面不够宽,所以显示不了代码应有的格式。看图 9-6,了解如何使用所有的空格和缩进。如果你懒得输入代码,你可以从本书的网站下载它。

图 9-6

重复代码并简化

这段代码可以运行，但它有点复杂和难以阅读。

好的代码应该容易阅读，但是这段代码在有些行上细节较多，而且有部分重复。

重复代码是不好的，因为这意味着代码没有像应该地那样简洁，这也增加了修改代码的难度。如果你修改一个重复代码，你必须将剩余的全部修改。但你很容易因忘记某个重复代码而犯错。

所以，这段代码比简单的代码更可能有 bug——漏洞。当代码不断增加时，你会更容易添加更多的错误。

Python 有一个简洁的方式处理重复代码。你可以把代码封装在一个函数里。

函数与成年人的"私人聚会"（例如婚礼）有什么关系？没有关系！它源于大学数学。在那里，函数是一组数学计算，它获取输入，对输入进行处理，然后进行输出。计算机领域的很多名字都是从数学借鉴的。大学数学的领域是奇怪和神秘的——比大多数人想象的更加陌生。这就是为什么这个单词听起来很奇怪，那么不同于普通英语。

关于函数的知识

函数可以有四个组成部分，尽管它们并不总是被需要：

- 名称
- 输入变量
- 重复代码
- 返回结果的方式

并不总需要输入——例如，如果你编写一个告知时间的函数，它不需要输入时间。（呃……）

并不总需要返回一个结果。但你确实一直需要一个唯一的函数名，以及处理事情的代码。

输入的变量有时被称为参数，这是来自数学领域的另一个奇怪的名字。函数可以有多个参数。

创建和使用函数

使用奇妙的词汇 def 创建函数，像这样：

```
def my_function(input variables):
    [clever code for the function goes here]
    return output
```

输入这段命令以使用函数：

```
some_value = my_function(input)
```

这段命令会运行所有巧妙的代码，但是函数代码保持在一个地方。你也可以将它输入为一行，在余下代码中需要的位置放入它以重复使用。

决定把什么放入函数

当你把一些代码分割成一个函数的时候，你想让其余的代码容易阅读，而且你还想创建一个可以重用的代码块。任何一种选择都是好的，但如果你两者都可以得到，那就实现了全赢。

在这个游戏中，有 raw_input 的那行代码很难读。你可以通过两种方式解决这个问题。

你可以把每个含有 raw_input 的代码行放入函数并用函数代替它。

或者你可以把整个 answer 模块的代码放入一个函数，例如：

```
for my_guess in range (1,11):
    answer = answer_for_guess(my_guess)
    if answer == "yes":
```

```
        print "I guessed the number!"
        break
if answer == "no":
    print "You're lying!"
```

这样容易阅读，不是吗？如果你还记得把一个大问题分解成很多小问题，你可以使用函数来帮助你。

这也意味着你可以将代码拟定为一列函数，然后将代码编写进去！

编写猜谜函数

你几乎已经准备好编写你的第一个函数。你需要知道要将 def 部分放在代码的开始。

为了让代码更简单，你还可以做一件事。你可以把问题字符串放入变量，这样你就可以重复使用而不必重新输入。你不需要编写完成这个功能的函数，因为对字符串不需要任何处理。

图 9-7 显示了它是如何工作的：

```
def answer_for_guess(this_guess):
    question_string = "Is your number " + str(this_
    guess) + " - yes or no? "
    answer = raw_input(question_string)
    while answer != yes and answer != no:
        answer = raw_input(question_string)
    return answer
```

图 9-7

在函数里，变量名拥有特权。规则是，无论函数发生什么，其都要保留在函数里，除非你使用 return 返回它。

添加巧妙和神奇的技巧

这是一条没有人会告诉你的秘密的软件设计规则：好的软件似乎比你更聪明，而差的软件比你更傻。

软件就像舞台魔术。如果你可以看到技巧是如何完成，那么你会有点失望。但是如果你不能，这将使你印象深刻得多。如果软件真的好，它看起来几乎像真正的魔法。

到目前为止，这个游戏并不巧妙。你怎么能让它更巧妙呢？你需要一个更好的方法来猜数字。任何人都可以按着顺序一个接一个地猜。

你能想出一个更好的方法吗？你可以试试随机数字而不是计数——每一次猜测就像扔一个有十面的骰子那样。但这需要很长时间，你将不得不做更多的工作来把你的猜测以随机的顺序排放。

开发人员花大量时间找到巧妙和快捷的方式做事情，例如对数字和单词排序和搜索。如果你很擅长使用计算机，你能猜到一些更简单的配方（算法），但是大多数人需要在书本里或在网上查找。

对于这样的问题，可以使用称为二分搜索的好算法。二分搜索听起来复杂，但只是一个简单的想法。你把所有可能的数字的中间那个作为你的第一次猜测，然后询问玩家猜测是高于此数还是低于此数。

现在，你就只剩一半的数字需要搜索。这是一个方便的技巧。为什么不做一遍呢？将剩余的部分对半分开，再次询问玩家的猜测是高还是低。

最终，范围缩小到两个或三个数字。如果你有两个数字，你可以测试较高的那个。如果它是——中了！你成功了。如果不是，则是较小的这个。

如果你有三个数字，可以检测中间的数。如果太低了，你知道是三个数中最大的那个。如果不是，你剩两个数字，你可以重复之前段落里的流程。

你总是能猜数字，你也总是在四五次之后猜到。图 9-8 展示了一个例子。

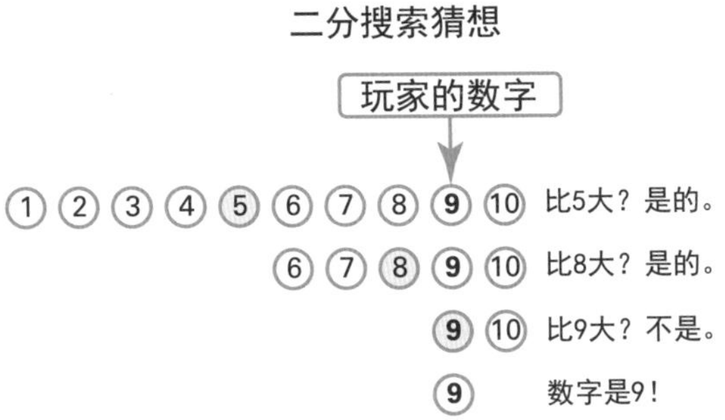
二分搜索猜想
玩家的数字
1 2 3 4 5 6 7 8 9 10 比5大？是的。
6 7 8 9 10 比8大？是的。
9 10 比9大？不是。
9 数字是9！

图 9-8

你可以编写二分搜索法的代码来改进游戏吗？本书在网站上有一个示例答案，但是先尝试创建自己的答案。不管你需要多长时间。如果你迷失了，试着将问题分解成更简单的子问题，一个一个地解决。

小贴士大用途

真正的魔力来自于能够很快猜出更大的数字。尝试让你的游戏猜 1 到 1000 之间的数字。它需要尝试多少次？如果你做对了，你会发现比 1000 次要少得多，或者只要 100 次就可以了。

第 10 章
钻研 Linux 命令

Linux 就像一座冰山——不是因为它庞大和冰冷，还会将船撞沉（显然 Linux 不会），
而是由于你常常看到的 Linux 桌面就如同冰山一角一样。

想要使用庞大的 Linux 的其余部分，你必须知道如何输入命令，而且用一种属于你自
己的方式来寻找那些使 Linux 工作的文件。

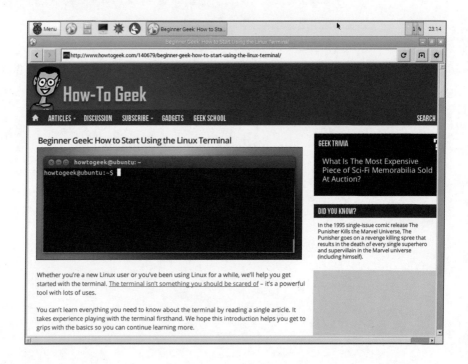

理解命令行

回到早期计算机时代，当时没有人用桌面，因为那时候桌面还没有被发明，当然也没
有鼠标（至少没有计算机鼠标）。

那时只有一种方法用于操作计算机：通过键盘输入命令。想要查看文件？输入一个命令。想要打开某个软件？输入另一个命令。想要关闭计算机来使你和计算机都休息一下？也是输入相应的命令。

在现代的计算机中，这个比较老的——叫作 command line（命令行）的系统——仍然存在，但是它藏了起来，如果你不知道命令行的存在，你永远也猜不到它在哪。

相比在桌面上操作，通过在命令行上输入命令可以做更多的事。

如果你想看看在个人计算机出现前的计算机是什么样子，在网上搜索 Computer Terminal。在很久以前，计算机只能显示文本，无法显示图片、视频以及游戏图像。计算机将文本打印在一个巨型圆筒纸上，当你输入命令的每一个字符时，打印机会发出轻微的机械喀嚓声。当计算出结果并对其进行显示的时候，计算机会发出大量喀嚓声。放在口袋中没有噪音的计算机是不会让人分心的。

使用命令

当输入命令时，不能出现任何拼写错误。不可以将大写字母与小写字母混合在一起，因为大写字母和小写字母的意义是完全不同的。你必须 100% 输入正确的命令，否则该命令就会无效。

相对而言，计算机比较笨。如果你输入的命令出现了错误，命令行不会去猜你想要表达的意思，甚至它都不会去试一试。它只会说"什么？"——以一种更复杂的计算机语言来表达。

只有 100% 正确的命令才会生效，这似乎使人感觉在用命令做一些简单的事时看起来有些繁琐。例如，在桌面上查看文件及文件夹时很简单，但是命令行好像将这一操作复杂化了。其实，对于其他所有计算机的操作，都是如此。

但是命令有一个很突出的优点。如果你拥有非常厉害的黑客技术，你可以将命令组合起来去做一些有用的事。例如，你可以一次性将全部文件重新命名，而不是一个一个地手动输入。或者你也可以找到所有同一格式的文件，例如 MP3 或者照片，然后将它们移动到计算机的任意一个文件夹中。你还可以设置命令系统来使它按照要求定时运行。

不要将命令视为将简单事情复杂化。其实可以将它们作为可以粘合在一起的构件，从而设计出更为聪明的命令。

简而言之，你可以使用命令来定制你的计算机，以使它更努力地为你工作，同时能迅速地完成你安排给它的任务，从而更好地服务于你。

从命令开始

当你的树莓派准备好让你输入命令时，它会显示一个提示符——在一串奇怪的字符末尾会出现一个美元符号（＄）。当你启动了树莓派之后，你首先看到的就是这个符号。

任何时候你只要在输入 startx 命令后，桌面就会显示出来。其实你正在使用命令行，只是你恰好没有留意到它而已。

命令很实用，你可以在桌面上使用它。一个名为 LXTerminal 的特殊应用程序将会显示命令行。图 10-1 展示了 LXTerminal 正在进行的关于 Linux 的操作。

如果你使用的是旧版本的桌面，双击 LXTerminal 的图标来启动 LXTerminal。

在新版本的桌面上，单击 LXTerminal 的图标。它的图标就像是一个黑色窗口的显示器，位于窗口上方的图标栏里。

在启动 LXTerminal 之后，你会看到如图 10-1 所示的标签页里边的提示符。在提示符后输入命令，这时你的树莓派就会按你的命令来运行。

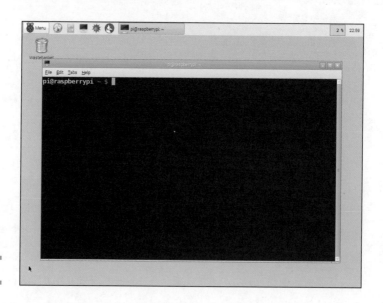

图 10-1

提示符并不是一直静静地等着，它会告诉你一些有用的小常识。第一部分显示出了你的用户名以及计算机的名字（这里是 raspberrypi），只是以防忘记。其余部分显示出当前运行的目录 / 文件夹。

为了方便阅读命令，本项目中的图片采用加大字符的方式展示了 Terminal 终端参数设置。当你在树莓派中使用终端时，字母将会小很多。你可以通过 Edit ➪ reference 来改变字体大小。

理解神奇的单词命令

Linux 中包含成百上千的命令，没有人能全部记住！

不幸的是，大多数的命令看起来不像英语，无论你多么精通计算机，你都没有办法去猜出它是什么意思。

一些人认为命令就像是神奇的单词一样，你必须懂得正确的单词后才能够使用它们。

因为你无法猜到命令，你必须在网上搜索或者向已经清楚它们的人询问。为了可以通过命令来做你想做的事，做好花费大量时间在网上查找并学习命令的准备吧。

不要在网上搜索"神奇的单词命令"，这样你会一无所获。成熟的计算机用户不喜欢把它们称为神奇的单词命令——即使它们就是。

使用开关

许多命令都包含一个名为 switch（开关）的选项，开关改变命令的运行结果。

当需要加入开关时，通常需要在命令最后加上一个负号，负号后再加上一些字母或数字。（也有一些开关需要加上两个负号，但是这种情况并不常见。）

图 10-2 给出了 ls 命令与不同类型的开关搭配。ls 列出了一个文件夹中的所有文件。如果你不使用开关，你只会得到一列文件，但是没有任何其他信息。

命令可以有很多不同种类的开关。但其中只有一些是常用的，其余的仅仅是有人发现了这些开关，之后便将它们添加到其中——其实并不常用。

如果你加入了一个 -l 开关（输入 ls -l 并按下回车键），命令将会给出文件的大小、文件的创建日期以及创建人信息，该操作针对所有文件均有效。

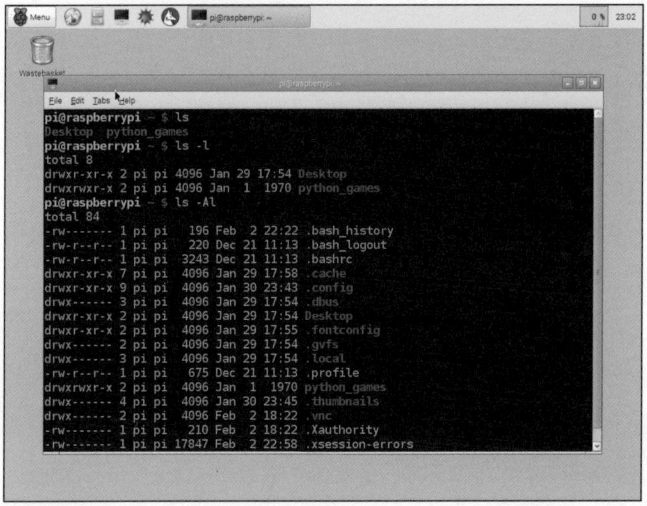

图 10-2

如果你加入了一个 -A 开关（输入 ls -A 并按下回车键），你会得到一列隐藏文件。

对于某些指定的命令，你可以将开关结合起来以减少输入。所以 ls -Al 命令将会给出所有隐藏文件以及其细节。

隐藏文件？是吗？你的操作系统一直在欺骗你！但是这些文件不是真的不想让你发现，它们只是不显示出来，除非你去查找它们。这些隐藏文件中包括一些应用的设置，以及当你登录树莓派时的具体细节，这些都不是你一直想看到的东西，隐藏起来可以避免很多繁琐的操作。所以还是让它们隐藏起来吧。

寻找并学习命令

因为你猜不出来命令以及开关，所以你必须知道如何找到它们。如果你经常使用命令行，你就会轻而易举地学到一些最常用的命令。

许多人写出了一些速查表来帮助自己记住命令和开关。除非你具有有史以来最好的记忆力，不然或许你就会忘记速查表中的一些命令。这很正常，所以最好还是用一个清单来时刻提醒自己。

大多数实用的命令都可以在网上找到。网上关于 Linux 常用命令及开关信息的网站非常多，图 10-3 就是其中的一个。

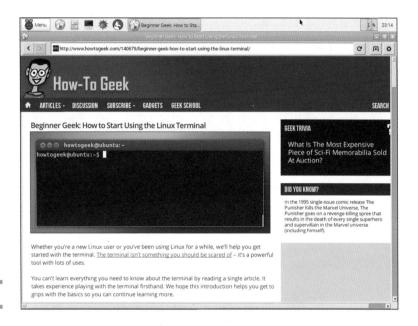

图 10-3

理论上，你可以用名为 man 的 Linux 命令来查询关于命令的更多信息。当你输入 man [命令的名字] 后并按下回车键，你会看到关于该命令的具体信息。这有帮助吗？其实不然，man 这一命令只对专业人士有帮助，因为它不是为初学者设计的。这一帮助极具技术性，所以很难理解。而且在 man 命令列出来的清单中，开关也不是按实用性进行排列的。用得较少的开关将和实用的开关共同显示出来。所以最好还是忽略 man 命令，在网上寻求帮助。

使用 cd 和 ls 命令

要开始使用命令，首先从 cd 和 ls 的操作开始。

ls 是什么英文单词的缩写呢？List something（列出某些东西）？Lively snowbunnies（活泼的雪白兔）？Letter soup（字母汤游戏）？谁知道呢，总之它是一个经典的命令。它的意思类似于显示文件，但是如果没有人告诉你的话，你是猜不出来的。

cd 是 change directory（变更目录）的缩写。你可以使用这一命令来探索树莓派中的目录或者是文件夹。当你输入 cd 和一个目录的名称时，你将会直接打开该目录。（严格来说，你设置了正在工作的目录。）现在你就可以排列文件、复制文件、删除文件以及做其他很多事情，而不用再次输入目录的路径了。

目录和文件夹指的是同一个东西。当你在桌面上查看文件时，文件都位于文件夹中，桌面上会有一个小型的文件夹图标提示你。但是回到计算机的早期时代，这些文件夹都被称为目录。这两种名称并没有什么区别，只是前者有漂亮的图片，后者有文本命令。这两者都为文件服务。

你已经尝试过 ls 了，所以你知道树莓派的根目录中都有些什么，但是树莓派中的其他文件呢？

输入 cd / 并按下回车键。现在你就看到了树莓派中的根目录。它保存着树莓派中的所有文件。输入 ls 并按下回车键，你将会看到如图 10-4 所示的目录列表。

图 10-4

如果你已经读过了第五章，那么你应该知道文件以一个上下颠倒的树状形式组织起来。/ 目录位于顶端，其他的目录都包含在它里面，这些子目录以树枝的形式向下蔓延并形成不同的层次。

并且你还知道每一个文件和文件夹都有一条单独的路径，这样你就可以快速地找到它。（如果你还没有读过第五章，那么是时候去读一下了，第五章中包含这些知识的具体内容。）

你可以通过在 cd 命令后添加目录的路径来移动到该目录中。与文件管理器不同，它不会显示出其他相关的目录，如果你不深究这两者的具体内容，你会发现这两者的工作过程类似。

例如，cd /home/pi 命令将会把你带回到 pi 用户目录。

在每一次输入完命令之后，你都需要按下回车键。这是为了告诉树莓派该开始工作了。或许你已经猜出来了，所以从现在开始，记住在输入命令后按下回车键。

进一步学习 cd 命令

输入完整的路径让人感觉有点浪费时间，所以 cd 命令中包含一些可以使用的缩写。你可以使用这些缩写和带有路径的完整 cd 命令前往树莓派中的任意目录。表 10-1 中总结了一些缩写。

这还有一个更加快捷的方法。你可以使用 ls 和一个路径来列出目录中的所有文件，而不用加上 cd 命令。那 cd 命令为什么还要存在呢？如果你想要复制、移动或者重命名目录中的文件时，为了减少键入的字符，最好还是加上 cd 命令。第十一章有更多的介绍。

尝试使用几次 cd 命令，看看你会发现什么。如果你稍加留意，你会发现当命令运行的时候，提示符会有所改变。提示符将会显示你的当前路径！这真是太好了，这样你就会时刻知道你在树莓派中的位置了。

表 10-1　　　　　　　　　　使用 cd 命令

命令	功能
cd ~	前往根目录
cd /	前往保存所有其他子目录的目录
cd directory	前往当前目录中的子目录（只有在该目录中存在子目录时可用）
cd ..	前往稍前的目录（这一步可以一直回到 /，但是在 cd 后留出一个空格键的空间）
cd /path	直接去指定路径的目录（/ 很重要）

为了节省空间，一些路径，例如根目录，可以使用表 10-1 中的缩写。如果你想查看当前目录的完整路径，使用一个称为 pwd 的命令——pwd 是 print working directory（输入工作中的目录）的缩写。完整的路径将会在屏幕中显示。

接触重要的 Linux 目录

在你会使用 cd 和 ls 命令后，你就可以开始探索了。很多东西都有待发掘，虽说有一部分暂时还没有什么意义。

表 10-2 列出了在文件树状图中顶端的重要目录。Linux 是很有组织的，所以每一个部分都有独自的空间。

你现在不必记住这个列表——或许永远都不用。但是了解走向还是很有必要的。当你更加深入地了解树莓派之后，你会在这些目录中的某些子目录中进行操作。

表 10-2	Linux 中的目录的功能
目录	**功能**
/bin	标准 Linux 系统应用程序
/sbin	供超级用户使用的标准 Linux 系统应用程序
/etc	设置和配置文件（类似于偏好设置）
/var	实时信息，包括日志文件
/var/log	记录运行软件的信息，以便于日后检查错误
/var/www	在完成设置一个网页服务器前，网页中的文件都储存于此（在设置网页服务器前，该目录不存在）
/home	为所有人开放的所有的根目录（树莓派只有一个用户，所以没什么好看的）
/home/pi	树莓派用户的根目录
/root	对于超级用户实用的文件（通常为空）
/usr	对于所有用户实用的文件
/usr/bin	对于所有用户标准的实用应用程序
/usr/sbin	对于超级用户标准的实用应用程序
/usr/local	只在该计算机上有用的应用程序及其他信息
/dev	硬件设置（小心！）
/lib	软件、附加软件及特殊选项
/proc	关于正在运行的应用程序的信息
/sys	正在运行的硬件（要更加小心！）

通过 sudo 成为一个超级用户

cd 命令对于一些目录是无效的。如果你试着对一些目录使用 cd 命令，你会获得一个"没有权限"的提示信息。

这不是因为你做错了什么，而是 Linux 系统对于安全的考虑。

当你登入你的树莓派时，你是一个普通用户。Linux 不会对普通用户开放所有权限，所以你会无法对一些目录进行操作。

第五章中介绍了超级用户，也就是 root 用户。唯一可以让你查看受保护目录的方法就是将你自己变成 root 用户。

当你使用命令行时，使用一个称为 sudo 的特殊命令。为了使自己成为超级用户，在命令前输入 sudo。通过这一命令，Linux 会将你视为超级用户，并且赋予你所有权限。

sudo 命令没有使用次数的限制。

在一些不同的 Linux 版本中，sudo 命令可能会受到限制。你可能只能享受 5 分钟的超级用户模式，然后就变为普通用户了。在树莓派中，这种情况不会出现。但是想要享受超级用户的权限，在每次输入命令前都要加上 sudo。这样好像会让人感到无聊，但是如果你输入 sudo su，你就可以赋予自己永久的 root 权限。这时提示符就会变得苍白，并且显示你处于永久的超级用户模式中。直到你退出登录后或者输入 exit 命令后才会退出超级用户模式。

严谨的 Linux 用户不喜欢永久的超级用户模式。超级用户模式对于那些拥有许多用户的大型计算机是一个很重要的部分，但是对于树莓派这样的小型计算机并不是很重要，尤其当你是这台计算机的唯一用户，而且不使用超级用户模式时会使树莓派中的一些工作难以完成。在使用超级用户模式时稍加留意，但也不用过于谨慎。

使用命令快捷键

命令行对于拼写的要求很严格，在输入命令时很容易犯错。有没有可以避免一直输入命令的方法呢？

当然有。一些聪明的快捷键就是来帮助你解决这一问题的。

退回到之前的命令

按下向上按键，你会看到你之前输入的命令。再次按下向上键，你会看到更早的命令，以此类推，直至看到所有已经输入的命令。

如果你想运行某一个命令，像往常一样按下回车键。Linux 就会像你手动输入一样运行这一命令。

这是一个很实用的超级用户快捷键，如果你不想再学习其他的快捷键，记住这个就好了。

查找早期的命令

同时按下键盘上的 Ctrl 键和 R 键。现在输入命令中的一部分。Linux 就会在你之前输入的所有命令中寻找与之匹配的命令。

这一方法不是很实用，因为有时所匹配到的结果与你想要寻找的命令不同。但是了解这一捷径的存在还是很有必要的。

使用 history 命令

history 命令将会给出一个所有之前使用过的命令的列表。图 10-5 是一个简短的例子。

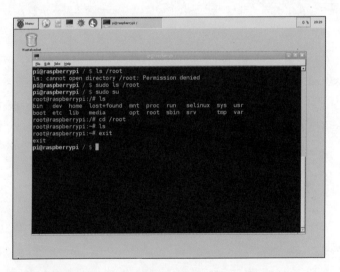

图 10-5

在你使用树莓派一段时间后，history 命令列出来的列表可能会很长。为了使它短一些，加入一个数字。这个数字会告诉 history 命令显示最后的几个命令。例如，history 4 将会显示最后的 4 个命令。

但是还有更多！history 命令还会显示一个数字列表。你可以通过在命令后的数字前输入一个！来使该命令再次运行。（中间不要加入空格。）例如，!12 将再次运行列表中的第 12 个命令。当你想要再次使用不久前运行过的较长的命令时，这是一个避免大量输入字符的好办法，而且避免了可能的错误与重新输入。

第 11 章
Linux 的管理与自定义

相比于 Mac 和 PC，包含 Raspbian 在内的所有 Linux 版本，需要花费更多的时间和精力，你会发现在 Linux 中安装软件、改变参数，甚至创建或者重命名文件都比较困难。

你可以通过写一些名为脚本（script）的迷你应用程序来使一些额外的工作自动运行。你也可以安装 Linux 系统，以便它在设定的时间内自动运行一个命令或脚本。

即使如此，要真正地精通 Linux，在你原来了解的计算机知识基础上，你必须掌握比以往更多的知识来操作文件。

接触文件权限

如果你以前用的是 Mac 或者 PC，权限访问似乎是让人懊恼的。它们不仅局限于运行，即使你仅仅在进行创建一个文件或者文件夹这类简单操作的时候，你也必须时刻考虑权限的问题。

理解文件权限没有捷径，你必须理解它们，并且知道如何使用它们，否则你不能通过使用 Linux 做更多事情。

理解读、写和执行

在 Linux 系统里面，你可以对文件或文件夹进行三类操作，即你可以读取它、修改它，或者把它当作代码来运行它。

这三种权限被称作读、写和执行。正如你所想，你能单独地设置每一个文件。比如，你可以仅仅通过关闭写和执行的权限来设置一个只读文件，然后你就不能编辑该文件或者是像应用程序一样运行它。

为什么你要创建一个只读文件？这是为了安全起见，有时候你想要保护一个文件，这样设置之后，你就不能编辑这个文件了。

这里的执行（Execute）并不是拉出去行刑的意思。而是意味着运行代码。没人知道为什么它被叫作执行而不是运行，至少它与其他两种操作的英文开头字母不同，这便是它存在的原因了。

事实上，Linux 系统对每个文件和文件夹都有三种不同的权限设置：

✔ 文件创建者拥有一组权限，通常给创建者赋予了可以对这个文件进行任意操作的权限。

✔ 文件的组（在接下来的"用户和组的操作"部分会有详细讲解）获得另外的设置，这种设置允许文件在组内共享。

✔ 其他的人也获得另一个设置，这种设置将一些文件设置为私有模式，而其他的一些文件可以被共享。

这些不同的权限设置似乎超级复杂。权限其实是给拥有许多用户的大型计算机提供服务的。在一个大型计算机中，把一些文件隐藏，或者与他人共享或完全开放是很有帮助的。

在像一个有 Pi 权限的计算机中，你可能会发现有额外的工作要做。你可能是唯一的用户，因此可以对所有文件进行任意的操作是有实际意义的，难道不是吗？

那可未必，在 Linux 里面，应用程序也是用户，你可以用权限来确保这些应用程序（app）不会对文件进行不必要的读取或者更改。

如果将你的 Pi 以网页服务器的形式发布在网络上时，权限是一个至关重要的问题，因为权限会为你提供一些安全措施来阻止黑客的攻击。

权限也会帮助你远离失误，这是因为在权限的保护下意外删除一些重要文件更加困难。

检查权限

为了在桌面上检查权限，打开一个带有命令提示符的终端窗口，然后输入以下的命令并按下回车键：

```
ls -l
```

你会看见一个文件列表，在列表的左上角有一些额外的字母。图 11-1 是一个例子。(你可能不会看见相同的文件或权限。)

在每一个项目左侧，会有由字母和破折号组成的字符串，这是一个权限的列表，它们看起来像 10 个字母排成一行：

```
drwxrwxrwx
```

如果你看见一个字母，那么权限允许你操作；如果你看见是一个破折号，你将不可以操作。

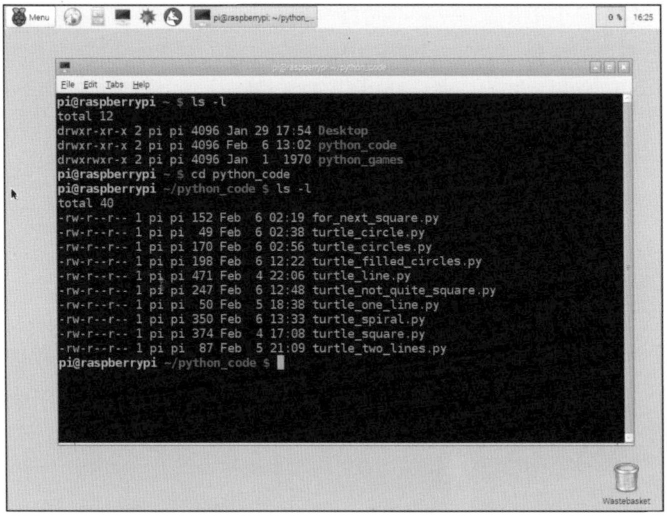

图 11-1

大多数的文件有许多破折号，你可能看到像这样的：

```
-rwxrw-r---
```

理解权限

以上那行字母不容易阅读，是吗？它像代码，但是它不是一串复杂的代码，并且它并不是很难理解。

第一个 d 字母是目录（directory）的缩写形式，也代表另外一个单词——文件夹（folder）。如果你看见一个字母 d，它表示这个文件是一个文件夹 / 目录。并且你可以用 cd 命令来移动到文件内部，检查它是否有其他文件。

d 字母不像其他字母。事实上，它不是一个真正的权限，你不能改变它。d 字母只会出现在一些字母串中，而在其他地方没有，因为它只在字母串中发挥作用。

接下来的是 rwx——你可能猜到它的意思——文件的读、写和执行权限。

这儿有一个例子：

rw-

在英语中，上面的代码意味着读权限：允许；写权限：允许；执行权限：不允许；

rwx——如果需要时加入破折号——每行需要出现三次，因为要设置三种不同的权限。

在规则中，第一次设置列出了文件所有者的权限。

接下来的设置列出了文件组的权限。

最后的设置列出了对任何使用该计算机的使用者的权限。

当你需要推断出来下面一组权限的意思时：

drwxrw-r--

你必须将它分解为三种你所掌握的权限，像这样：

d rwx rw- r--

接下来读取每个设置的代码。

这是一个文件夹 / 目录（d）。

文件创建者可以读、写 / 编辑和执行（首次出现的一组由三个字母组成的权限：rwx）。

文件组里面的部分只可以读取、写 / 编辑（第二次出现的一组由三个字母组成的权限：rw- ）。

除文件创建者，文件组里面的其他人仅仅能读取文件（最后一次出现的一组由三个字母组成的权限：r-- ）。

理解用户和组

　　组是什么？在 Linux 系统里面，每一个文件和文件夹都被一个用户拥有。这一个拥有者通常是创建文件的用户。

　　作为 Pi 的用户，你拥有在根目录中创建的所有文件，其他大多数的文件被 root 拥有，这类文件由 root 来保护，这使得黑客很难攻击 Pi，同时也防止自己因为意外更改或者删除文件。

　　等等——这是否意味着在你的 Pi 中，大部分的文件都不属于你？是的，事实就是如此，你并不拥有这些文件。作为 Pi 的用户，很多文件你都不能编辑或执行。这就是为什么在你更改它们之前，你必须使用 sudo 命令来让你获得与 root 一样的权限。

了解组的含义

　　文件夹也属于组的一部分，许多用户组成一个组。在一个大的计算机里面，组帮助用户共同合作。如果你是一个项目组里面的一员，你可以和组里面的其他成员共享文件，成员之间是彼此保密的。

　　在像 Pi 的一类小型计算机里面，组可以只包含一个单独的用户，在这些组中，分别拥有一个面向 Pi 用户的 Pi 组以及一个面向 root 用户的 root 组。在很大一部分时间中，你可以忽略这些组的权限。

　　但是应用程序也是用户，它们不能像你一样以键盘输入的形式登录界面，但是它们仍然有用户名和组，并且在有些时候，它们也有自己的文件夹。

　　组经常作为应用程序之间共享文件的媒介。比如，所有的应用程序都能与邮件系统共享文件，前提是这些应用程序是 mail 组成员。作为 staff 组成员的应用程序保证了树莓派系统的运行，当然这其中也包括超级用户。

　　一般来说，你没必要担心这些细微之处，但是有时候，为了使一个应用程序和其他应用程序共同运行时，你会发现你需要修改组的权限设置。

检查用户和组

　　图 11-2 给出了在某个文件夹中为 root 用户创建的文件，你可以在权限的字符串的后面发现两个名字，第一个是文件拥有者，第二个是文件组，这就是如何检查一个文件的

拥有者和所属的组，非常简单！

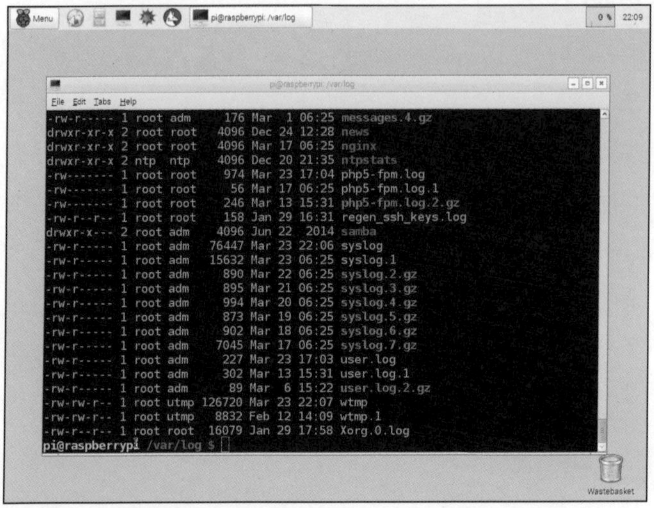

图 11-2

了解 everyone 权限

你可以使用 everyone 权限来控制其他人可以对你的文件进行的操作，也就是说，当你想要和大家共享一些背着火箭发射器的小猫的图片时，如果你在 everyone 权限里面设置读权限，这些小猫的图片将以比病毒扩散还要快的速度发布出去。

如果你想隐藏这些小猫的图片，只需在 everyone 权限里面关闭读取权限，它们将会隐藏。

当 Pi 用户在 everyone 组里面时，你也需要考虑权限，如果你没有自己的文件或属于相同组的文件，everyone 权限设置会为你明确你能做什么。

这就是你不能修改这些文件的原因了，因为它们的拥有者是 root 用户。就 root 而言，你是 everyone 成员，很多文件受控于 root 用户，它们并没有面向 everyone 的编写权限，所以你不能编辑它们。

同理，如果没有被赋予读取权限的话，你也不能对它们进行读取操作。

如果有一个问题——它经常发生——在你能操作这些文件之前，你需要用使用 sudo 命令来使你成为超级用户。作为超级用户，也就是 root 用户后，所有的文件任你操作。

从技术上讲，用户权限（不是 everyone 权限）更为实用。

权限操作

你需要掌握一些命令来对权限进行操作，表 11-1 给出了清单。

表 11-1 有用的权限命令

命令	功能
ls-l	列出带有权限的文件
chmod	改变文件权限
chown	改变文件所有者
groups	检查组中的用户
useradd	在组中添加一名用户
chgrp	改变文件组

当你用 ls 命令来列出文件夹中文件清单时，你已经了解如何用这个 -l 开关来检查它们，但是如果你想要修改它们呢？

使用 chmod 命令

使用 chmod 命令来修改文件权限，你需要告知 chmod 命令三件事：

- 你为谁设置权限
- 你如何设置它们（不止一种方法）
- 你设置它们做什么

以下是一个命令的例子：

```
sudo chmod a+w filename-or-full-filepath
```

在接下来的部分，假使这个命令运行失败。那么你必须启动 sudo 命令。否则，你不能修改那些你无法操作的文件的权限（如果你能明白我的意思）。

选取谁

表 11-2 给出了你所选取的字母与权限赋予对象的一一对应关系。

表 11-2	设置权限的对象
字母	字母含义
u	文件所有者
g	文件组
o	除组或所有者的所有成员
a	所有成员

选择一种方法

接下来，你需要仔细说明你想如何修改权限。表 11-3 有详细说明。

表 11-3	如何设置权限
字母	字母含义
+	加入 / 开启权限
−	移除 / 关闭权限
=	忽略现存的权限并加入新的权限

"+"和"−"选项修改已经存在的权限，如果你想增添或删除一个权限时就使用它们。比如，你可以仅仅修改写的权限，而不用理会读和执行权限。

"="选项能立即修改所有的权限。当你不考虑已经存在的权限时就使用它，而且，你可以随心所欲地设置权限。

选取功能

如表 11-4 所示，通过选择字母类型来选择不同的权限，这个部分很容易理解，大部分内容都像"了解权限"那部分。

表 11-4	设置类型
字母	字母含义
r	读权限
w	写权限
x	执行权限
X	对于文件夹执行特殊权限

这些操作中的大多数都会运行出你所期待的结果，但是在执行权限方面还有一些比较特殊的地方。

✔ 只有你能执行它时，你才可以看文件夹里面的内容。或许你认为能进行读操作就足够了，其实不然。

✔ 只有你能执行它时，你才可以重命名一个文件，可能你认为能进行写操作就足够了，其实也不行。

✔ 只要你能读取这个文件，该文件在传输至应用程序中时可作为代码运行，或许你认为你只需要执行权限，其实不然。

举个例子，如果你有读文件的权限，你能把它当作 Python 代码来运行，因为你一开始已经执行了 Python。Python 读取了这个文件，所以 Python 才对它有重要的影响。

如果该文件是一个独立的应用程序，你仅仅需要执行权限。

感到困惑吗？可能会。没有简单的方法来使你理解这些特殊的案例，你恰恰需要思考它们、记住它们，并且当你忘记它们的时候说很多"嗯？"，直到你能上网查询，并且时刻提醒自己。

如果你想尝试让软件一起工作——比如，你想用 Python 为自己设计一个网页——然后你失败了，这正好说明权限是错误的。

有时候权限无声无息地出故障。屏幕上没有任何提示信息，系统恰好也不工作，并且你也不知道原因，一般来说，当出现不正常现象并且你也不知道原因的时候，你首先应该去检查权限。

整合在一起

权限是复杂的，因此你需要亲自动手去实践。否则，你可能不会记住它们。

这里有个简单的例子，也就是说你想设置一个权限，从而使每个 Pi 的用户能对文件进行写操作。假定人人都已经能读取这个文件，你能推断出这个命令应该是什么吗？

它看起来像这样：

```
sudo chmod a+w filename-or-full-filepath
```

图 11-3 显示了一个从头至尾的过程，以便当你用 ls 命令时，你能明白这个命令怎样修改权限。在这个命令运行之后，每个人都能编辑这个文件。

如果你需要设置很多权限，把它们像这样放在一起：

```
sudo chmod a+rwx filename-or-full-filepath
```

图 11-3

你不需要用 sudo 来修改文件的权限，所以通常你能对根目录中的文件做任何操作。但是如果你要操作你的 Pi 中其他地方的文件，这个时候你就必须用 sudo 命令。

使用数字

有些时候，权限看起来像数字。比如，博客和书籍有些时候让你在文件上设置 777、664 或其他数字权限。

数字是一种定义权限的更快和更简洁的方式。和一长串的字母比起来，它们更容易被记住，也更容易编辑。

但是怎么理解它们的意义？第一个数字用来设置你的私人权限，第二个数字用来设置组权限，第三个数字用来设置其他人的权限。所以这是 rwx 的另外一种变形。

表 11-5 说明了三个字母构成的权限和单个数字之间怎样转换。

表 11-5	用数字表达出的命令		
数字	读取 r	写 w	执行 x
7	r	w	x
6	r	w	—

续表

数字	读取 r	写 w	执行 x
5	r	-	x
4	r	-	—
3	—	w	x
2	—	w	—
1	—	—	x
0	—	—	—

以下是一些例子：

```
744 = rwxr--r--
777 = rwxrwxrwx
600 = rw-------
```

在 chmod 里面你可要用数字代替字母设置权限，像这样：

```
sudo chmod 644 filename-or-full-filepath
```

这样设置的权限为

```
rw-r--r
```

使用 -R 开关

如果你想修改目录里面的所有文件，你可以手动修改每一个权限——这需要花很多的时间。

用 -R 开关将会事半功倍。你可以用一个命令来修改文件夹里面的所有文件。当你输入该命令时，将 -R 放到特定的位置就可以。

用户和组成员一起工作

为了使用权限，你也需要知道如何通过使用 chown 和 chgrp 命令对用户和组进行操作。

chown 命令更改一个文件的所有者和 / 或组，你必须通过 sudo 来运行它，像这样：

```
sudo chown new_owner:new_group file_or_path
```

你也可以在冒号前增添一个新的用户，或者在冒号后增添一个新的组，或者两者一起。

因此，如果你想要操作源文件，这个命令将会是

```
sudo chown root:root file_or_path
```

在 chgrp 里仅仅有一个 g。

组的使用

groups 命令表明用户属于哪个组。如果你只是输入组命令，它会给出你所在的组的名称，像用户 Pi 一样。

图 11-4 显示了 Pi 和 root 所属的组，令人惊讶的是，这个 Pi 用户属于许多组。

图 11-4

从属于这些组，就可以保证当你以 Pi 用户登录时，你可以不用加入这些组就能使用一些 Pi 的内置软件，这一操作对使用媒体及音频是至关重要的。如果这 Pi 用户不属于媒体和音频组，其将不能用相机，声音也不能通过耳机传出来。

添加用户到组

你可以使用 useradd 命令增添一个用户到组中，像这样：

```
sudo useradd -G groupname username
```

-G 这个开关是很重要的。组名一直在它的后面。你通常需要插入 sudo 命令。

一般你不需要创建一个新的组。但是如果你要创建，你可以使用 groupadd 命令，像这样：

```
sudo groupadd newgroupname
```

对于新的组，你必须要插入 sudo 命令。

创建和操作文件

在你知道权限如何工作后，你可以开始创建并管理一个文件。如果你不明白权限工作的原理，每当你试图在你的根目录以外进行操作时，你将会获得许多"permission denied"的错误提示。

如果你知道权限如何工作，你便知道如何避免这个棘手的问题的发生。

使用桌面文件管理并不能解决权限问题，事实上，对于解决权限问题，文件管理是一种无效的方法。在桌面上创建或编辑文件之前，你往往需要用终端和命令行解决权限问题，尤其当这个文件用于重要的 Linux 设置时。

创建一个文件

创建一个文件用 touch 命令，像这样：

```
touch new-file-name
```

比如：

```
touch mynewfile.txt
```

如果在你的根目录里面操作，当使用 touch 命令创建一个属于 Pi 用户和 Pi 组的文件时，需要使用像下面这样的权限格式：

```
-rw-r--r--
```

你可以编辑这个文件，但是你不可以把它直接当作一个应用程序来执行。其他用户能对其进行读操作但不能修改它。

文件包含最后一次操作的时间和日期的记录信息。如果一个 touch 命令已经存在，时间 / 日期将会更新。

以 root 用户身份创建一个文件

如果你想深度学习 Linux 操作，通常需要你以 root 用户身份创建一个文件，命令是

```
sudo touch new-file-name
```

该命令把一个文件赋予 root 和 root 组中的成员。权限仍然是

```
-rw-r--r--
```

但是这些权限意味着只有 root 用户才能编辑这个文件！

如果你想以 Pi 用户的身份来编辑它，你会得到 permission denied 的提示。（记住，只有出现的尾字符为 r-- 是针对 Pi 用户的。因此，对于新文件，你只能读，不能进行写操作。）

像这样的权限问题经常令人感到不方便、无助、烦恼、注意力不集中、沮丧，总之一般给人的感觉不好。

因此，除了那些高级的黑客可以攻破，对于其他人来说一般是不可能的。你需要修改权限以便你能以 Pi 的形式来编辑，像这样：

```
sudo chmod a+w new-file-name
```

现在你能以 Pi 的身份来编辑文件，文件编辑是非常有用的，因为它意味着你可以用 Leaf 编辑器编辑桌面上的文件。

复制文件和目录

为了复制文件，使用 cp 命令，像这样：

```
cp old-file-name-or-path new-file-name-or-path
```

如果你在根目录里进行操作，直接复制就行了。你可以只使用文件名，并且你不需要考虑路径。

还用考虑权限吗？复制一个文件就是创建一个新的文件，里边的内容和原来的老文件一致。（cp 还会有其他什么功能呢？）

但你是这个新文件的所有者，并且它有一般的权限：

```
-rw-r--r--
```

因此如果你以 root 的身份来复制文件，你可以对复制的文件进行编辑，这些过程不

全是有用的，但是我们还是有必要了解它。

当需要将这个文件复制到一个不同目录时，你必须拥有该目录的写权限。

重命名文件名和目录名

重命名一个文件，用 mv 命令，像这样：

```
mv old_file_name new_file_name
```

mv 命令实际是 move 的简写，因此你也能使用它将一个文件移动到另一个目录：

```
mv file_name directory_path
```

删除文件和目录

删除文件的一个简单方法就是使用 rm 命令，像这样：

```
rm file-name
```

你需要文件的写权限，如果你没有写权限，你可以用 sudo 命令来强制操作。

用 -r 开关删除目录（ -R 也可以）

```
rm -r directory-name
```

这个命令将会删除目录及目录里面的所有内容，同时也会删除其中的子目录。

如果目录不是空的，Linux 操作系统在删除它时将会很挑剔。你可以用 -f 开关减少麻烦，像这样：

```
sudo rm -rf directory-name
```

这个命令将会在一定范围内强制删除目录。目录中的所有内容，包括所有的子目录将会永久消失，Linux 操作系统将不会让你进行确认操作。

很明显，当你真的需要，并且很确信要删除所有内容时，你才会使用这一命令。

使用通配符

你经常想要很快地对目录里面的所有文件进行操作。为了解决这一需要，Linux 有一个名为 wildcard（通配符）的特殊功能，像这样：

```
rm *
```

你也可以增加文件扩展名。比如，删除包含 .py 扩展名的文件——里边是 Python 代码——像这样进行输入：

rm *.py

通过在通配符前面增加路径，你可以在另一个目录里面选择所有的文件。像这样：

rm /home/someotheruser/*.py

当进行复制的时候，可以使用通配符。

安装软件

正如你所想，在 Linux 操作系统里面，文件操作都不是很简单，所以你可能会认为安装软件是更困难的。

其实它不是这样！或者即使是这样，Linux 操作系统也会将它简化。

Linux 使用一个叫作 package manager 的工具来安装软件。许多软件的运行需要依靠其他软件的支持，因此你需要安装所有软件后才能使一些东西正常工作。当你安装软件时，所下载的一整堆东西称为包（package）。

当软件的运行需要其他的软件支持时，第二个软件称为依赖包（dependency）。

在 Raspbian 和 Debian 里，安装包管理器的命令是 apt-get。它的操作像这样：

sudo apt-get install package-name

你可以通过在网上查询来了解安装包的名字。通常会有人告诉你安装包的名字。

apt-get 经常需要你来确认是否进行下一步。你也可以加 -y 开关来省略这一步：

sudo apt-get install -y package-name

当 apt-get 运行时，你可以看到许多滚动的信息，你完全可以忽略这些信息。

但是有一个问题你是不能忽略的，那就是网络。只有在你的树莓派与网络连接时，apt-get 才可以进行操作。

还有就是你不能忽略 sudo 命令，在你每次安装软件时，必须要将 sudo 命令包含进去。

更新和升级

尽管 Linux 可以从因特网得到安装包，它还是会在树莓派上保留着一个依赖包清单。

随着开发者对它们进行整合、增加新的选项以及修正错误，安装包的内容时刻都在改变。

为了确保所有依赖包都已经更新，在你安装任何软件之前，运行

```
sudo apt-get update
```

在安装软件之前，不要中断它们，但是采用一个新的软件包列表进行安装也是个好主意。

如果你想获得已经安装的软件的最新版本，运行：

```
sudo apt-get upgrade
```

这个命令可以将你的树莓派中的所有软件更新至最新版本，每次更新将要花费比较长的时间，因此你没必要经常更新它们。图 11-5 给出了一个案例，你需要按下 Y 和回车键来进行确认。

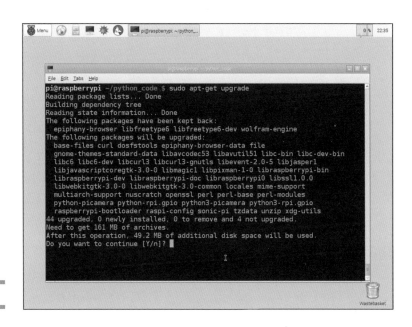

图 11-5

卸载软件

你没必要经常卸载 Pi 里面的软件。一般情况下，存储卡中的空间是足够使用的。

但是以防万一，你可以使用这两个命令中的一个：

```
sudo apt-get remove package-name

sudo apt-get purge package-name
```

彻底删除软件。彻底删除这个软件以及和它有关的设置——如果你搞混了这些设置并且需要重新开始时，这个功能将是非常有用的。

第 4 周

有趣的树莓派软件项目

这一部分里……

第 12 章
把你的图形扔进 Turtles 中

Python 内置了一个名为 Turtles 的工具。Turtle 是乌龟的意思，但在这里并不是一只真正的生物，因为如果是那样的话你需要喂养并且照顾它，虽然它可能是一只非常可爱的宠物，但是不会教你很多与计算机有关的知识。

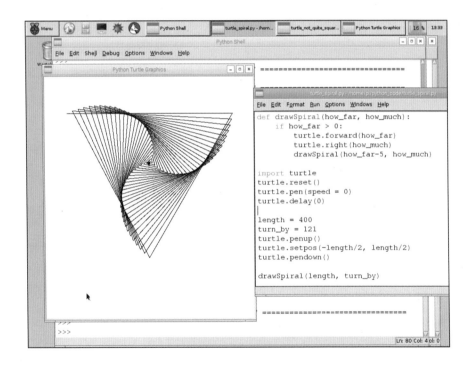

来认识一下 Python Turtle

Python Turtle 是一个绘图板。你可以将它拉取到屏幕的任何地方，让它绘制图形。只需要一点点编程魔法，你就可以画出很赞的图片，并且让你的朋友深信你是一个计算机天才。

在树莓派上，这个工具已经被内置到 Python 中。想要使用它？在你代码的开头添加一行语句就可以了，像这样：

```
import turtle
```

你所需要做的就这么多。现在你可以编写用于 turtle 的命令了。当你运行你的代码的时候，turtle 将会在一个特殊的窗口下出现。它将会在移动时画出一条线。就是这么简单！

图 12-1 展示了一个通过使用一些简单的命令使 turtle 绘制出复杂的图形的案例。

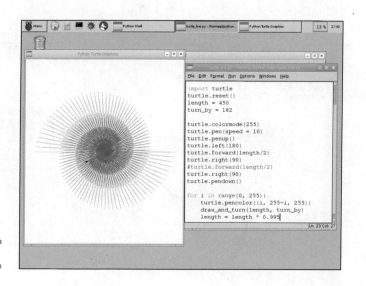

图 12-1

Turtle 命令入门

Turtle 命令真的非常非常简单，因为这里只有三种类型的命令：

- 第一种用来控制 turtle 移动方向。
- 第二种将其移动并且绘制一条线。
- 第三种可以打开或者关闭绘制面板、修改笔触颜色以及实现其他有用的功能，比如说清空屏幕。

大多数 turtle 程序都有一块初始化代码，用于设置 turtle 并且可能会定义一些有用的数字或者形状。接着还有另一块代码，用于移动 turtle 并且显示绘制的图形。

这听起来并不困难吧？的确，这非常简单。

预备工作

在 turtle 工作之前你需要引入它。在你开始绘制图像之前重置 turtle 也非常有用。你并不是真正需要重置 Python 中的 turtle，但是养成确保 turtle 始终处在屏幕中央，之后再绘制图形的习惯是非常不错的。

当你想要添加重置命令的时候，你的启动代码看起来是这样的：

```
import turtle
turtle.reset()
```

绘制一条线

图 12-2 展示了如何绘制一条线。Turtle 将会从窗口的中央出现，向右绘制。要让 Turtle 能够向前移动，添加这一行代码：

```
turtle.forward (200)
```

这里为什么会是 200？如果不是 200 会出现什么样的情况？数字越大，绘制出的线越长。尝试使用比 200 小和比 200 大的数字来看看会发生什么。

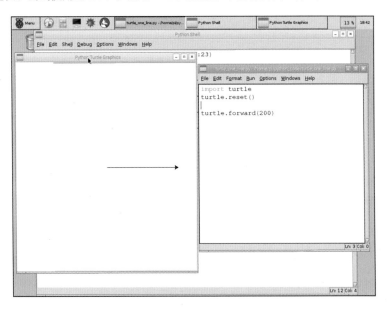

图 12-2

如果设置了很大的参数，turtle 将会穿过窗口的边缘，无法全部显示。虽然依然可以响应程序命令，但是只有当你将其移回窗口的时候才能够看到。

Turtle 并不需要向前移动。你可以使用一个负数让其反向移动！这里的 turtle.

backward() 命令也可以实现同样的目的：

```
turtle.forward (-200)
turtle.backward (200)
# 这两个命令的作用是一样的
```

为什么我们在这里列出了两个命令？因为有的时候你可能会想要使用数学方法计算出 turtle 的移动方式。那么使用 turtle.forward() 进行移动，而在你需要的时候使用负数，进行反向移动。

转向

转向其实很简单，与绘制一条线的操作难度相当。但是你需要知道转向幅度。Turtle 能够进行圆周旋转。转向的计量单位是度，一个圆周为 360 度。

图 12-3 展示了转向是如何实现的。当你进行转向的时候，你需要想象自己正坐在这只乌龟（Turtle）上，或者想象自己正在扮演一只乌龟，行走在一张纸上。表 12-1 是一张对照单。

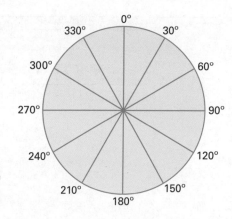

图 12-3

表 12-1　　　　　　　　　　　　　Turtle 转向表

右转	新方向
0°	直接向前——没有改变
90°	正右方
180°	整 180 度，所以与你现在的方向相反
270°	正左方
360°	与 0 度一样

想要转向，使用 right 或者 left 转向命令，就像这样：

```
turtle.right(90) # 转向正右方
turtle.left(90) # 转向正左方
```

你并不一定需要以 90 度的倍数转向。你可以使用任何在 0 度到 360 度之间的数据进行转向，但是 90 度的倍数比较容易让人理解。你可能会在需要理解 175 度的转向幅度的时候遇到一些困难，因为这并不好理解，但是有的时候绘制图片就是需要奇怪的转向值。

理解左和右的概念

Turtle 的方向与驾驶方向非常相似，这里指的并不是地图上的方向。在一辆汽车中，大人们经常会说："下一个路口右转，接着的那个路口左转，然后我们就可以穿过一个街区了。"

他们并不会经常说："向西，然后向北，接着……"

这就是 turtle 中 right（90）所指的右拐的意思。这并不意味着朝着东方前进。

那么关于左转向呢？ 如果左转，你将会得到一张与表 12-1 相反的表。右转 270 度意味着让你的 turtle 左转 90 度，二者所指的方向相同（ 如果你还是无法理解为什么会有这样的效果，试着在 turtle 上面试验一下 ）。

有时候始终选择右转会比较容易把程序写对。其他的情况下选择相应的左旋与右旋是可以简化代码的。

当然，turtle 的运行方式都取决于你的选择。

绘制另外一条线

你可以将你的 turtle 转动你想要的任何角度。它并不会头晕或者觉得这是无趣的事情。但是让其永不停息地转动并不能帮你绘制出炫酷的图像。

想要绘制一条新线，使用前进或者后退可以帮助你实现。

如果你并没有让 turtle 转向或者将其转向角度设置为 0，这条新的线将会与之前的线重合。

如果你转动 turtle 的话，你将会得到一条与之前的线产生夹角的新线。图 12-4 展示了将 turtle 转向 90 度然后向前移动之后的结果。这里是代码：

```
turtle.forward (200)      # 绘制一条线
turtle.right (90)         # 右转
turtle.forward (200)      # 绘制一条新线
```

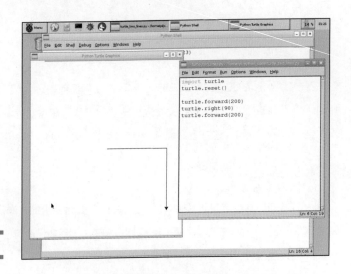

图 12-4

如果你有点懒，你可以使用快捷方式"fd"替换向前（forward），"bk"替换后退（back），"rt"替换右转（right），"lt"替换左转（left），这样就不需要打那么多字啦！

绘制与移动

想要绘制图形，我们需要绘制很多线条。绘制星形、正方形、三角形以及其他简单图形可以通过移动与转向非常轻易地实现。

绘制正方形

你可以通过四次移动与转向绘制一个正方形，就像这样：

```
turtle.forward (200)      # 绘制一条线
turtle.right (90)         # 右转 90 度
turtle.forward (200)      # 绘制一条线
turtle.right (90)         # 右转 90 度
turtle.forward (200)      # 绘制一条线
turtle.right (90)         # 右转 90 度
turtle.forward (200)      # 绘制一条线
turtle.right (90)         # 右转 90 度
```

这些命令最终将会把 turtle 移回其初始位置，并且与其开始的方向相同。

这段代码是有效的，但是重复相同的代码并不是非常简洁，虽然并没有很多行代码。

但是如果你想要绘制一个更小的正方形，你还是需要把每一条边的长度分别进行修改——这是非常繁琐的工作。

你可以使用 for 循环将自己从繁琐的打字任务中解救出来：

```
for turns in range (0, 4):
    turtle.forward (200)
    turtle.right (90)
```

图 12-5 展示了最终的结果。现在你可以通过修改其中的数字来绘制一个更大或者更小的正方形了。

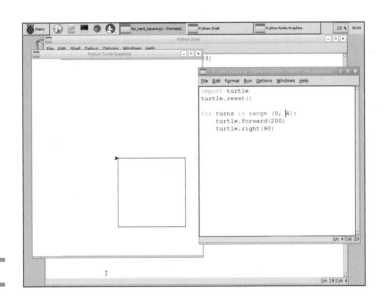

图 12-5

你也可通过把 right（90）修改为 left（90）重新绘制这个正方形。将会发生什么？你能猜猜吗？

与 Python 一样，range（0,4）指的是 0 到 3 而不是 0 到 4。你会得到正方形的四个边，因为这里我们是从 0 开始计数的。

计算出 turtle 的位置

当你使用计算机绘图时，你需要知道 turtle 在屏幕中的位置。Turtle 命令如 left、left again、right 等，绘制简单图形的时候非常好用，但是在你已经绘制了一组线条之后，想要知道 turtle 目前所在的位置是比较困难的。

计算机将窗口与屏幕视为一格又一格的点。要想选取一个点，你需要使用两个数字。

你需要从左到右开始计数，然后再从屏幕或窗口的底部向上计数。

用于左右计数的数字被称为 x 坐标。用于上下计数的数字被称为 y 坐标。坐标往往会出现在括号中，就像这样：

```
(200, -100) # (x, y 坐标，按照顺序 )
```

有一个点是特殊点，被称为初始点。当你开始计数时，总是会从初始点开始计算。

有时候初始点位于屏幕或者窗口的左上角，而有时候会处在屏幕的左下角。

但是对于 turtle 来说，初始点就位于绘图窗口的中央，这也使得计数变得更加复杂。要知道目前 turtle 所处的位置，你需要从底部或者左侧以坐标的最小单位为基准开始计数，直到你碰到初始点。然后就可以重新开始计数啦。

图 12-6 是一个非常好用的可以计算出你在 Turtle Space 中所处位置的指导。如果它看起来数学公式太多并且有点吓人，还让你有一种躲起来、逃开它的感觉，那么你可以看一下表 12-2 中的数据，这是另外一种理解方式。

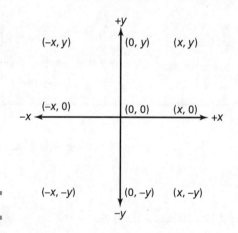

图 12-6

表 12-2　　　　　　　　　　　　Turtle Space 中的计算与移动

Turtle 的位置	我是如何计算出来的？
中央的左部	$-x$ 在你向左移动的时候计算得出
中央的右部	x 在你向右移动的时候计算得出
中央的下方	$-y$ 在你向下移动的时候计算得出
中央的上方	y 在你向上移动的时候计算得出

在窗口中的移动

你可以使用（x,y）数字来锁定 turtle 的位置，这个位置可以在屏幕的任何地方。对于 Setposition 命令，你可以使用其缩写 setpos 或者 goto 替换，这个命令可以让你将 turtle 移动到任何坐标为（x,y）的位置。

```
turtle.setposition (100, -100)
turtle.setpos (100, -100)
turtle.goto (100, 100)
# 这些命令的作用是一样的
```

如果使用这些移动 turtle 的命令还没有什么作用的话，那么就需要你将 turtle 移动到多个不同的 x,y 位置，直到命中。Python 在这方面所提供的支持表现很好。如果你失去了 turtle 的位置，使用 turtle.home() 命令将 turtle 移回屏幕中央。

如果你希望 turtle 只能够沿着 x 方向或者 y 方向移动，以下是对应的设置命令：

```
turtle.setx (somenumber)
# 只能够左右移动 turtle

turtle.sety (somenumber)
# 只能够上下移动 turtle
```

你可以弄清楚自己的 turtle 所在的位置。这些例子就输出了这一组值，但是你也可以使用新的坐标位置移动你的 turtle，修改它的 x 或者 y 的值，然后使用 setx 和 sety 将 turtle 移动到它的新位置。

```
print turtle.xcor()     # 显示 x 坐标的数值
print turtle.ycor()     # 显示 y 坐标的数值
print turtle.position() # 显示坐标(x, y)
```

转换到一个朝向

那么关于转向我们该怎么做呢？你可以使用 setheading() 设置 turtle 的朝向，这个方向是地图方向，并不是 turtle 的方向。

在使用 Setheading() 命令之前并不用在意 turtle 目前的朝向。在使用命令之后，turtle 自然会转到你所设置的方向上。

表 12-3 是一个速查表。你并不需要使用 90 的倍数——当然，除非你需要绘制很多正方形。

表 12-3	使用 setheading()
新的朝向	让 turtle 指向这个方向
0	向右
90	向下
180	向左
270	向上

绘制一个圆圈

下面使用的命令可能你已经猜出来啦。要想绘制一个圆圈，使用：

```
turtle.circle (somenumber)
```

从技术上来说，这里的 somenumber 是用于设置半径（圆心到边的距离）的参数。一个圆总是有两个半径那么宽（在你进入高年级之前，你并不需要记住这些）。

你也可以通过添加另一个数字的方式绘制一个扇形，这个数字是用来设置圆心夹角的。一个完整的圆有 360 度。一个半圆则是 180 度。一个四分之一圆是 90 度。

```
turtle.circle (somenumber, arc)
```

circle() 进行绘制的时候是逆向的！你可能会认为 turtle 在绘制一个圆圈的时候是按照顺时针方式的，因为这是人类的习惯。但是在计算机上绘制的方式却是逆时针的，这非常奇怪、出人意料，并且还是我们所不适应的。

控制绘笔

有时候你会需要使用很多不同的图形绘制你的图像。在你移动 turtle 的时候，往往会绘制一条线。要想让其移动但是不绘制线条，你可以使用 penup() 命令，就像这样：

```
turtle.penup()    # 停止绘制
# 添加代码让 turtle 移动到这里
turtle.pendown()  # 再次开始绘制
```

使用这里的命令可以将 turtle 移动到一个新的起始点，在这个点上你可以开始绘制新的图形，新旧图形之间不会产生线条。

改变 turtle 的移动速度

目前的 turtle 的移动速度很慢，这样你可以看到它所做的工作。这样的速度对于简单图形来说还好。但是随着你所绘制的图形越来越复杂，等待 turtle 完成其工作是非常无趣的。

你可以使用下面的语句让你的 turtle 加速：

```
turtle.pen (speed = 0)
turtle.delay (0)
```

这里的 pen speed 设置了 turtle 移动的速度。参数等于 1 时代表缓慢，10 代表快速，0 则是瞬时完成，这可能是你不曾想到过的设置，但是它真的存在。

但是如果希望拥有更快的速度，你可以将 turtle 的延迟设置为 0。树莓派并不是一台高速计算机，所以在绘制一个复杂图形的时候还是需要花点时间的。

你也可以通过为 turtle 设置较低的移动速度来降低绘制速度。你可能会需要了解当前 turtle 正在进行的活动，当它移动速度没有那么快的时候会比较容易观察到你想要的结果。

随着 turtle 的移动，Python 将会刷新屏幕并且在之后会等一小段时间。Turtle.delay() 可以用来设置这段等待时间。当等待（延迟）时间为 0 的时候，Python 将不会进行等待，这也会使得 turtle 移动速度加快。

理解颜色

绘图软件一般会通过混合红色、绿色、蓝色（三原色）来合成自己的颜色。你需要告诉计算机你想要的这三种颜色的分量。所以这里的着色方法就是将三种颜色的量放在一行中，让软件自己理解与合成：

```
(1, 0, 0) # 这可以合成红色
(0, 1, 0) # 绿色
(0, 0, 1) # 蓝色
```

我们可以通过混合这三种颜色来合成更多的颜色：

```
(1, 1, 1) # 白色
(0, 0, 0) # 黑色
(1, 1, 0) # 黄色
(1, 0, 1) # 粉紫色
(0, 1, 1) # 亮蓝色
```

绿色和蓝色的混合颜色在英文里面有一个特殊的名字：cyan（蓝绿色）。这个颜色在科幻电影中经常被使用到，当导演想要制作一些充满着科技感的镜头时就会使用这个颜色。

这里我们给出了八种颜色，这仅仅是一个开端。但是如果你想要灰色而不是白色或者黑色的时候该怎么办？

你并不需要使用整数。你可以使用小数替代：

```
0.5, 0.5, 0.5      # 中度灰色
0.25, 0.25, 0.25  # 暗灰色
0.75, 0.75, 0.75  # 亮灰色
```

当你，你可以使用不同的小数来合成任何你想要的颜色。世界上有很多颜色，但是并不是所有的颜色都有自己的名字：

```
0.1, 0.2, 0.5 # 不是那么深的蓝色
```

理解颜色的格式

小数并不是非常容易使用的。如果你想要一些不是那么显而易见的小数，你可能会需要输入很多数字：

```
0.3333333, 0.3333333, 0.3333333 ; 33%   灰色
```

而且小数实际上是一个欺骗性很强的东西。你可能会觉得 0.3333333 与 0.3333334 之间是有些区别的。但是并没有，因为大多数计算机对每种颜色仅仅设置了 256 个亮度级。

但是也没有听起来那么糟糕，每种颜色有 256 个亮度级，所以你依然还总共有超过 1600 万种颜色（256×256×256）。这已经超越人类肉眼可以识别的范围了，所以应该是够用的。

通过 Python 的 turtle，你可以通过设置 colormode 选项来合成自己的颜色。你需要在代码开头进行设置，并且可以通过这种方式完成：

```
turtle.colormode (1)
# 将颜色设置为 0 到 1 之间的小数
```

```
turtle.colormode (255)
# 将颜色设置为 0 到 255 之间的整数
```

计算机是从 0 开始进行计数的，这就是为什么你需要使用 255 而不是 256。而之所有 256 个亮度级，是因为计算机的计数单位是二进制的。与此同时，256（2×2×2×2×2×2 ×2×2）是存储较少量级信息的一个非常合适的大小。这在人类看来是非常奇怪的，但是你会在代码中大量见到。

设置绘笔颜色

在你已经了解颜色模式是如何工作之后（见之前的部分），那么你就已经可以让你的 turtle 绘制任何你想要的颜色了。画笔的颜色设置被称为搅拌混合操作，也就是使用 pencolor 函数（很简单！），图 12-7 给出了一个实例。

```
turtle.colormode (255)
# 这行代码只需要使用一次
turtle.pencolor ((50, 100, 150))
# 使用这个方法修改 RGB 颜色比重
# 不要忘记要使用两个括号！
# 只要你想要修改颜色，你就可以修改，无需顾虑
```

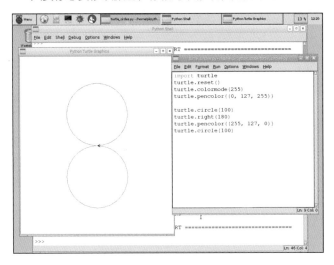

图 12-7

从现在开始，turtle 的绘笔将会使用新颜色进行绘制了。如果你想要再一次修改绘笔颜色，只需要再添加一行 pencolor 代码即可。

重置绘笔颜色以及其他所有的属性

当你找不到 turtle 位置或者非常困惑的时候，想要重新开始，那么可以使用：

```
turtle.reset()
```

这条命令将会把 turtle 移动回起始位置，同时回到开始时的方向。

想要清屏然后重新绘制一张图片吗？ 使用

```
turtle.clear()
```

这条命令将会清理屏幕，但是不会移动 turtle，所以如果你想要回到原位的话还是要使用 reset()。

使用函数进行绘制

你几乎可以通过一系列的移动转向命令绘制任何图形。如果你是一个非常有耐心的人

记住比较好

并且在 50 岁之前都不做任何其他的事情的话，你是可以使用 turtle 复制那些大师级作品的。

但是计算机有一种最酷的能力，就是你可以使用代码实现很多东西。下面是你需要记住的准则：当你在重复使用代码的时候，总会有方法进行简化的。

简洁的代码在四个方面具有优越性：

- 更少的键盘输入
- 更少的决策
- 较少的错误
- 较多的可能性

代码有一点类似于通过塑料模块构造自己的事物。但是这更加智能，因为一旦你已经做好一样东西之后，你可以重复使用它。所以编写代码就像画一间房子一样，你可以在屏幕的任何地方复制这匹马。

我们将会如何得知需要进行重复的是什么？记住这个准则！如果你在不停地重复编写相同的代码，你可以将其编写成一个预先制造好的代码块。

Python 让这些变得简单。你可以将你正在重复编写的代码编写成一个代码块。然后你可以通过仅仅一行代码来调用这个代码块。

如果你的代码出现了一个错误，这个错误将会仅仅存在于那个代码块中，所以只需要在那个代码块中进行修改就可以了，而不需要修改每一个调用这个代码块的语句。

你也可以将这个方法看作 turtle 的一个新命令。这里有一个非常大的优势，你可以无视这个方法的运行机制并且仅仅在你需要的时候再进行调用。

如果你使用一个方法来绘制一间房子，你可以在屏幕的任何地方绘制这间房子。你并不需要考虑如何控制 turtle 的移动与转向。你只需要说一声"给我画一间房子！"然后就可以生效了。

编写一个绘制方法

当然，你并不一定要绘制房子。你可以编写能够完成庞大且复杂任务的方法，或者你可以让你的方法完成小型且简单的任务。只要你的方法可以将很多重复代码放到同一个地方，它就可以啦！

例如，你可以编写一个功能非常简单的方法——绘制一条线并且转动 turtle。因为很多 turtle 代码就是绘制 / 转向，那么将这两个命令放在一起是很有意义的。

这里是一个非常好的例子，因为它非常的简单。下面是代码：

```
def draw_and_turn (how_far, how_much)
    turtle.forward (how_far)
    turtle.right(how_much)
```

要使用这些代码，先填写这些数字。你应该可以在图 12-2 中看到相同的代码。

```
import turtle
turtle.reset()
draw_and_turn(200, 90)
```

Python 方法将会在窗口的上方，在其余的 Python 代码之前运行。

使用常量与变量

我们可以通过重复 draw_and_turn 方法四次来绘制一个正方形，就像这样：

```
draw_and_turn (200, 90)
draw_and_turn (200, 90)
draw_and_turn (200, 90)
draw_and_turn (200, 90)
```

如果你仔细想一想，你会发现，现在我们重复的仅仅是数字，而不是代码。但是如果同时更改移动距离与移动方向而已，要比编写完整的代码简洁得多。如果你想要修改代码运行方式，你只需要修改一次代码，而不是四次代码。

如果你正在不断地重复某一件事情，那么很有可能存在一个更为简洁的方法来编写这段代码。这里是如何在一个地方就设置好所有参数的示例：

```
length = 200
turn_angle = 90
draw_and_turn (length, turn_angle)
draw_and_turn (length, turn_angle)
draw_and_turn (length, turn_angle)
draw_and_turn (length, turn_angle)
```

现在你就可以在一个地方修改这条线的长度了，这会减少很多的键盘输入。

你也可以使用负数作为长度参数。这样你就会通过一种相反的方式来绘制图形了。（如果你这样做，会发生什么呢？）

重复方法

在这个示例中，代码将会重复四次这个调用这个函数，这也不是非常的简洁。你能够再简化这段代码吗？答案是当然，你可以！你可以使用 for 循环。

```
length = 200
turn_angle = 90
for i in range (0, 4):
    draw_and_turn(length, angle)
```

我们又节省了两行的代码，而绘制的正方形是一样的。

通过重复调用绘制一些好看的图形

如果你将旋转角度设置为小于或者大于 90 度会发生什么呢？如果你仔细想想的话，这个图形可能不是闭合的。这不好，是不是？

可能并不是。如果你继续重复这段代码的绘制语句，turtle 将会持续地每次改变一小点角度，然后绘制很多不是那么规则的正方形，这看起来也是非常酷的。图 12-8 展示了会发生的情况。

```
length = 200
turn_angle = 91
for i in range (0, 90):
    draw_and_turn(length, angle)
```

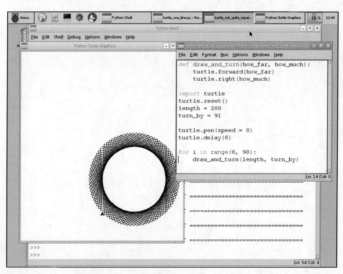

图 12-8

这就是最后重复代码出现的结果。在 90 次循环使用 draw_and_turn 或者分别绘制与转向 180 次之后，你的四行代码最终绘制出了一个非常复杂的图形。

你还可以让这个图形变得更为复杂与有趣，只需要做一丁点的改动，就像这样：

```
for i in range (0, 90):
    draw_and_turn(length, angle)
    length = length * 0.99
```

这里的代码仅仅是将每次绘制的线缩短一点。但是通过小小的改动，代码将会绘制一个有趣得多的图形。

试着运行这个代码，看看会发生什么。这里还有一些可以尝试的改动：

✔ 在绘制之前移动 turtle，使得最终绘制的图形出现在屏幕中央。

✔ 使用长度变量而不是一个固定的数字，这样你就可以修改长度，并且你的图形还会保持在屏幕中央。

✔ 每次重复绘制线条的时候稍微修改绘笔的颜色。

✔ 每次都尝试使用不同的角度来看看最终会出现什么炫酷的形状。

使用智能重复

在之前部分的代码中，你需要自己推测所需设置的重复的次数。所以一种可以在图案看起来不错的时候停止重复的方法肯定是非常有用的。

这里有一种非常简洁的方法可以实现这一目标。不必继续在一个循环中重复这个方法，你可以编写一个自动进行循环的方法。

嗯？这个方法的代码可以被包含在相同的函数中？就像一条蛇咬着自己的尾巴，但是没有任何的 Youtube 视频展示如何能够做到。

初识递归

你可以称这种方法为自己重复自己的运行方式，但是没有人会用十年反复回味同一部电影，并且你的父母可能都不会允许你这么做。

官方的计算机名称叫递归。这就是意味着让一个事物能够不停地重复自己，直到你让它停止。

方法与盒子可不一样。所以递归并不意味着将一件事物通过无法触碰的物理方法放在某一个东西中，你将会发现这件事情会让你茅塞顿开。

你可以将其记作不断地重复做一件事情，直到你需要停止的时候令其结束，因为你已经完成了自己的目标并且不需要再做这件事。

使用递归

为一个方法添加递归是非常容易的。你需要做两件事：

✔ 一种告知递归停止的方法，这样它就不会一直运行下去，并且还可能迫使你插拔你的树莓派

✔ 在方法内部重复使用它自己

有些时候你可能为了重复使用这个方法而修改某些变量的值。有些时候却不需要。这都要视情况而定。

这里是一个例子。它是在 draw_and_turn() 的基础上添加几行额外代码产生的（这就是我们上面所说的那两样东西）：

```
def draw_spiral(how_far, how_much)
if how_far > 0:
  turtle.forward(how_far)
  turtle.right(how_much)
  draw_spiral (how_far-5, how_much)
```

新代码的第一行将会在长度小于等于 0 的时候停止这个方法。第二行新代码将会使得这个方法每次重复自己的时候绘制的长度都减少一点。

这就是了。图 12-9 展示了在你将角度设置为 121 度的时候最终会得到的图形。这段代码最智能的地方就是在需要停止的时候就会自动停止。你并不需要告知代码需要重复多少次。

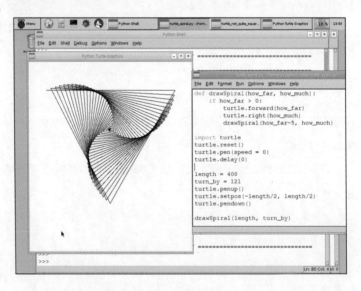

图 12-9

另外一点非常智能的地方就是仅仅通过那一行代码就已经绘制了整个螺旋线。

递归是一种非常好的绘制复杂图形的方法，你还可以绘制蕨类植物、树木、还有碎片。在网站上还有供你测试的一些案例。

第 13 章
整合《我的世界》与 Python

《我的世界》是世界上最受欢迎的块矿游戏。Python 是世界上最受欢迎的计算机语言之一。我们如何将它们整合到一起呢？

《我的世界》(Minecraft) 入门

你可以在主菜单上的游戏菜单里面找到《我的世界》的树莓派版本，如图 13-1 所示。
要使用《我的世界》：

1. 如果桌面没有运行，那么使用 startx 命令启动它。

2. 单击 Menu 按钮并且选择 Games 与 Minecraft Pi。

如图 13-1 所示，Minecraft 将会在一个小窗口内运行并且会询问你是否开始新游戏或者加入一个游戏。

3. 单击 Start Game，选择 world，并且单击 Create New。

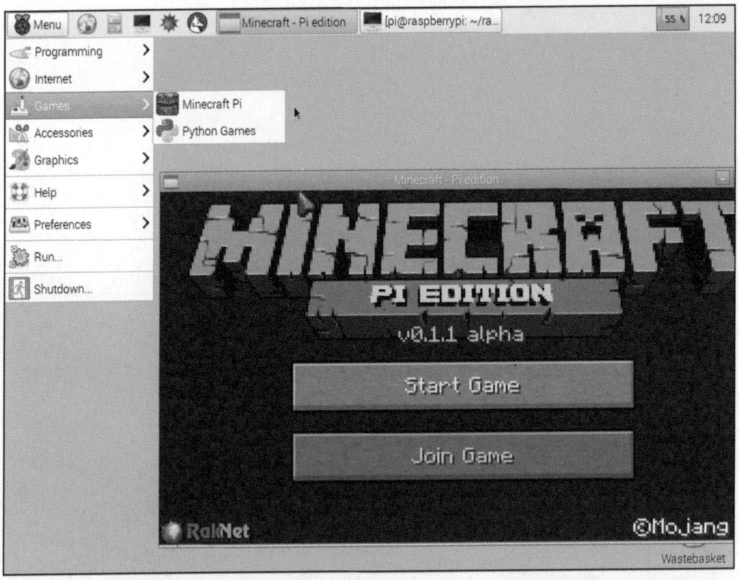

图 13-1

Minecraft 展示了一个不断衍生的世界窗口，这样就新建了一个世界。这个建造的过程需要花一点时间。

树莓派版本的 Minecraft 非常的简单。而且这个版本并没有完全版本的大多数特性，这里只包括了 hell areas、dangerous chickens、witches、ocelots、slime 与 flying pigs。要想了解更多关于 Minecraft 的特性，见 http://minecraft.net。

探索这个世界

Minecraft 的世界是由很多被安装在 3D 栅格中的代码块组成的。图 13-2 就是你新建世界最初的形象。

拖曳你的鼠标，这样你就能够看到这个世界中的很多部分。想要移动你的人物，你需要按照表 13-1 中所示的按键进行移动。

图 13-2

表 13-1   在 Minecraft 中的移动

按键	新的方向
W	前进
A	左转
D	右转
S	后退
E	显示模块窗口
按下 E 之后再按 Esc	隐藏模块窗口
空格	跳跃一次
双击空格	如果不在飞行，开始飞行 如果正在飞行，停止飞行
Tab	松开鼠标，这样你就可以在桌面上使用它了
Esc	转到游戏菜单

改变视角

　　你可能会觉得默认的第一人称视角非常难以使用，这个视角是将摄像机放在你的人物的眼睛边上所看到的世界。这可能会有些笨拙，并且这让你很难知道你目前所处的位置。

　　要想改变视角，需要按下 Esc 键并且单击位于窗口左上方的第二个按钮。当图标变成了一个矩形，并且通过一条线连接到一对模块上的图案，单击 Back to Game（返回游戏）。

现在摄像头已经位于你的人物的后方了。一些玩家可能会比较喜欢这个视角，因为这会比较容易看到目前正在发生的事情。

修改现有的世界

Minecraft 其实就是关于修改你的世界的一款游戏。想要移动一个模块，单击鼠标左键来挥舞你的宝剑。在你击打一个模块数下之后，这个模块将会破裂并且会消失。

在 Minecraft 中选定目标是比较困难的。你需要练习识别究竟哪个模块才是你将要去击打的。

如果在你单击鼠标左键之后没有什么事情发生，你需要继续移动你的人物，直到整个模块位于你的面前。

要新建一些建筑的话，按 E 键，在所有的模块中选取其他你可以使用的事物。单击一下来选择你的模块。如果这是一个模块而不是一个武器，右击就可以把这个模块加入到这个世界中。你可以继续右击，转向并且移动来加入更多的模块，如图 13-3 所示。

图 13-3

理解 API

在计算机领域中，API（application program interface，应用编程接口）是一个用

于网站、游戏或者其他 app 的软件控制面板。这里不需要单击鼠标或者按键来调用一些工具，你可以使用代码发送软件命令。API 能够告诉你目前所在的这个网站、游戏或者 app 中正在发生什么。

API 随处可见。Twitter、Facebook 还有其他大型网站都拥有自己的 API。

这里作为一个例子，你可以使用 Twitter API 完成一些任务。这里只有一部分的列表，但是它们确实会给你一些启发：

✔ **自动触发相关的功能**。例如，你可以使用 Twitter API 设置好时间，然后自动发送推特消息。你并不一定需要在身边有一台连接到推特上的计算机或者手机。

✔ **手机信息**。例如，你可以使用 API 每天询问 Twitter 一次你收到多少朵花，然后将这些数字绘制成图片。

✔ **添加智能新特性**。你是否想要追踪每一个关注那些查询过你感兴趣的信息的人，这些词就如一个乐队的名字或者一条热门新闻的标题？你可以使用 API 来实现这些功能。

理解 Minecraft API

内置在树莓派中的 Minecraft API 版本可要比 Twitter API 简单多了，但是你依然可以使用它实现一些非常酷的东西。这里是一些思路：

✔ 找出你的人物的位置。

✔ 将你的人物传送到一个新位置。

✔ 使用木块绘制复杂的形状。

✔ 移除带有代码的模块——可能你需要清理一块巨大的区域。

详细了解 Minecraft API

所有的 API 都会发布一系列命令清单，你可以用其来引用网站内容。这也被称为 API 调用（应用程序接口调用），或者简称为短调用。

Minecraft API 引用位于 `www.stuffaboutcode.com/p/minecraft-api-reference.html`。

如图 13-4 所示，API 引用页面往往看起来很复杂，这是因为你只是在之前得到了一组调用，但是这组调用却没有足够的解释，没有说明每一组调用的用途，或者不清楚如何使用这组调用，同时不是很理解使用示例的流程。

Minecraft API 调用有非常好的示例，但是对调用的说明却不怎么详细。你需要自己猜猜这些调用的意思（不过这在你使用 API 的时候也是很常见的）。

另外一个容易遗漏的特性就是优先级。所有的这些调用都会得到相同的空间，所以你并不会知道哪一个调用会用得比较多，也不会知道哪一个调用基本上用不到。

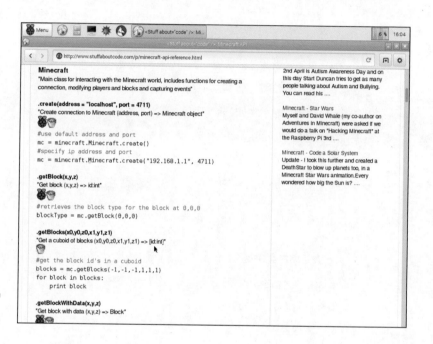

图 13-4

这是正常的。因为究竟调用什么功能取决于你想要使用哪个。所以浏览一下这个列表并且复制或者标记出那些比较有趣或者有用的调用是很有必要的。然后你就可以开始测试它们了。如果你需要了解更多关于它们的信息，你也可以在网络上查找其他的示例进行测试。

千万不要在不使用 API 的情况下尝试学习它。那样你需要一颗行星一样庞大的脑袋，你需要起早贪黑，同时还需要具有完美的记忆力才行。你只需要在 API 列表中查找自己需要的信息就可以了。如果你需要大量使用某个 API，你往往会在很轻松的情况下就学习到大多数有用的调用啦。

使用 Minecraft API

大多数使用 API 的项目都会从用于设置 API 的 boilerplate 代码开始，这样你就可以在之后使用这款 API 了。对于 Minecraft 而言，boilerplate 代码就像这样：

```
from mcpi import minecraft
mc = minecraft.Minecraft.create()
```

这一段代码初始化了一个名为 mc 的变量，这就如同一台隐形的 Minecraft 控制机器人进行工作。当你向 mc 发送命令的时候，它将会把这些命令传递给 Minecraft。Minecraft 将会完成你给出的命令，或者返回你所请求的信息，亦或是以上两者兼而有之。

API 通过将特定的命令发送给 Minecraft 进行工作，这有点类似于发邮件或者发短信。API 非常善于隐藏细节。这也帮助你更多地集中于解决你所遇到的问题，而不是考虑那些技术细节。

使用 API 调用

下面是一个展示如何使用一个 API 调用的简单示例：

1. 选择 Menu ➪ Programming ➪ Python 2 来启动 Python 2 编辑器。

2. 选择 File ➪ New Window 创建一个新文件。

3. 输入下面的代码：

```
from mcpi import minecraft
mc = minecraft.Minecraft.create()
x, y, z = mc.player.getPos()
print x, y, z
```

你能猜出这些代码的功能吗？

4. 将文件保存为 wherami.py。

5. 如果 Minecraft 还没有启动，那么需要手动启动它。

6. 在游戏中移动你的人物。

7. 单击在 Python 编辑器中的代码窗口，按下 F5 来运行这段代码。

8. 再次移动你的人物并且运行这段代码。

图 13-5 展示了你会得到的结果。

这段代码将会通知你目前你的人物在 Minecraft 世界中的位置！这里使用了 3 个数字。表 13-2 说明了这三个数字的意思。

图 13-5

表 13-2 在 Minecraft 中找到你自己

数字	意义
x	栅格中的东西方向
y	飞行或者挖掘中的上下方向
z	栅格中的南北方向

在 Minecraft 中并没有指向北方的大箭头，所以 x 与 z 仅仅只是作一个说明而已。即使如此，北方依然会始终处于同一个方向，只是并不一定是你的人物所朝向的方向而已。

在 Minecraft 中进行瞬移

你可以在 Minecraft 中使用另一种 API 调用进行移动：

1. 将代码修改成下面的样子：

```
from mcpi import minecraft
mc = minecraft.Minecraft.create()
x, y, z = mc.player.getPos()
mc.player.setPos (x, y + 100, z)
```

这里的 setPos() API 调用将会把你的人物移动到一个新的地点。

2. 移动到另一个地点，如果你喜欢。

你可以对人物的 x、y 以及 z 轴坐标数字进行一些基础的数学处理，这样可以将你的人物移动到一个新地点。或者你可以使用一些其他的数字（可以是随机数）将你的任务跳跃到其他的地方。

3. 将文件保存为 jump.py 并且按下 F5 运行。

图 13-6 展示了这个例子。这段代码让你直接越过 100 格区域。如果你正在飞行，你会呆在原处。如果你并没有飞行，你可能会撞击到某个地方。

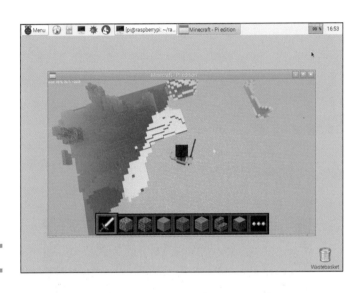

图 13-6

不过在发生撞击之后你的人物并不会死，你的人物是由非常坚固的模块构成的。

移除模块

使用一把剑来粉碎模块是非常缓慢的改变世界的方式。有没有更快的方法？

如果浏览一遍 API，你将不会找到 deleteBlock() 调用，但是这里有一个 setBlock() 调用。这个调用将会把一个正常的模块转变为一种不同的模块。

你能够想清楚它是如何使得模块消失的吗？你需要使用一个小技巧。在 Minecraft 中，整个世界都是由模块构成的，上、下、左、右、中央，在每一个方向上都有对应的模块，所以这里不会有遗失的模块。

所以技巧是什么？空模块是由空气组成的。你可以使用 setBlock() 将石头与其他模块转换为空气模块，这样这些模块就会消失不见。

这里是一些代码：

```
from mcpi import minecraft
from time import sleep
```

```
      mc = minecraft.Minecraft.create()
while True:
      x, y, z = mc.player.getPos()
      mc.setBlock(x, y - 1, z, 0)
      sleep (0.1)
```

这款游戏之所以被称为 Minecraft，是因为你可以自己进行挖掘。这段代码将会移除你的人物目前所处的那一模块。你的人物将会陷入地面，然后越陷越深，无法到底。

将这段代码保存为 death_dig.py 并且运行它。你可能会需要将你的人物推进一个小洞中，以使自己能够看到矿井的出现。最终，你将会看到如图 13-7 所示的界面。

如果你挖得足够深，Minecraft 将会判定你已经坠入地底，然后结束游戏。

图 13-7

位于 setBlock() 调用末端的 0 将会把这个模块转换为一个空气模块。Minecraft 有很多不同的模块类型，这些类型都有自己对应的数字。如果你浏览一下 API 的参考文档，你可以找到一列模块类型，还有对应的号码。

搭建房屋

当然，你也可以抓取一个空气模块并且将其转变为一个石头模块或者水模块。试一试下面的代码：

```
from mcpi import minecraft
import random
```

```
mc = minecraft.Minecraft.create()

x, y, z = mc.player.getPos()
x = x + random.randint (-10, 10)
z = z + random.randint (-10, 10)
for i in range (0, 21):
    mc.setBlock (x, y + i, z, random.randint (1, 8))
```

你能看出来这段代码有什么作用吗？这里的 random.randint（a,b）调用将会生成一个随机数（一个不可预知的数字），这个随机数将会在 a 到 b 之间。例如，

```
random.randint (-10, 10)
```

这个语句将会生成一个大于 −10、小于 10 的数字。每次运行这段代码的时候你都可以获得一个不同的数字。这个数字是不可预测的，所以你将不会知道获得的数字。

随机数代码是一个添加惊喜的好方法。你可以让这段代码去填补一个空白的代码块，这样你会得到很多惊喜。

这里 x 与 z 位置是随机的，所以它们将会离你的用户很近，但是不太可能会位于你的用户的顶端。

为什么这很有必要？因为余下的代码将会在一个随机的地点建造一个简单的建筑，也会将空气模块转换为其他的模块。

这里 1 到 8 的小区间将会或多或少保证其中会有一个模块在水中漂浮。图 13-8 展示了当你把一切搞定之后将会发生的事情——你将会得到一个喷泉！

图 13-8

Minecraft 可以让水从喷泉内流到地上，并且汇流入海。因为这里的模块都是随机的，这里的喷泉将会在我们每次运行代码的时候发生小小的改变。

尝试一些其他的项目

这里有一些可以尝试的项目。与往常一样，一些项目可能会比其他的项目难。一小部分项目会非常的困难，但是无论什么项目，都取决于你自己是否会跟进下去。只有通过调查并且学习更多关于 Python 的知识，才会使你的代码生效。

✔ **在你移动的时候移除模块**。这个项目要比它看起来难一些。当你从你挖出的洞穴中穿过的时候，你需要移除多少层模块？这个洞穴需要多宽？最简单的选择就是使用很多独立的 setBlock() 调用。是否有更加简洁的方法能够使得这段代码可以通过循环或者判断运行呢？

✔ **构造更大的形状**。正方体以及其他类似的物体都太简单。你可以使用一个特殊的 API 调用来构建一个广场，并且各部分配有很多不同的模块。但是如何构造一个广场，或者一个正方形，亦或是几条路呢？如果你达到初中数学水平，可以试着构造圆圈与球体，或者试着搭建一个房子。

✔ **搭建一个火箭**。把之前的喷泉代码复制过来并且让这个喷泉能够飞到天上。如何能够让这些模块始终聚合为一个整体呢？是否有更简单的解决方案？

✔ **放一次烟花**。在某一个特定的高度——比如说，100 个模块——然后让所有的模块向不同的方向爆炸。如何能够始终追踪到每一个模块的位置？

✔ **建造一个迷宫**。对于单枪匹马的你来说，这个项目是非常困难的，当然除非迷宫过于简单。要想寻求帮助，见 http://en.wikipedia.org/wiki/Maze_generation_algorithm。尝试在这里获得 Python 代码并且让这段代码可以在 Minecraft 中运行。建造一组可以困住你的用户的墙壁也是很赞的。

第14章
搭建一个傻瓜网站

你可以将你的树莓派变成一个简单的网络服务器，并且使用它来展示简单的网页，我们可以在任何网络浏览器中查看这些网页。

认识网络服务器

网络服务器是一种特殊的计算机。桌面计算机与笔记本计算机能够完成很多有用的事情。一个网络服务器实际上就做一件事情——提供网页。

这可能听起来有些大材小用。但事实上并不是。

大型网站，比如Facebook（见图14-1），需要日夜不断且非常迅速地提供大量的网页。用户想要在 Facebook HQ 上玩一局 Minecraft，而 Facebook 提供的速度非常缓慢是非常不好的情况。所以如果你正在经营一家非常巨大的网站，你需要把网页放到你的网络服务器上，而这台服务器基本上就没有能力再去做其他的事情了。

图 14-1

你是无法运行像 Google 或者 Facebook 那样的大型网站的，因为你的服务器还不够快。（的确，它远远不够。）大型网站配有很多额外的软件。你无法安装这些软件，因为它们是无法被公众获取的。

但是你依然可以设置一个每次处理 5 到 10 个访问者的简易网络服务器。

理解傻瓜网站

一个傻瓜网站就只是一个文件，这个文件内写有一列非常简单的指令，用于指定什么会出现在网页上。大部分的网络内容（你能够看到的内容）都是单词与字母，同时也被称为文本。

你也可以有选择地添加图片与 YouTube 链接。甚至你可以选择添加动画、屏幕菜单以及其他智能的东西。当你在搭建一个傻瓜网站的时候，其中用于浏览器的指令文件只会在你使用文本编辑器打开并且手动修改它的时候才会改变。如果你并没有修改任何内容，那么这个网站里面会始终显示相同的单词、图片以及链接。一般来说，这被称为静态网站。

选择一个网络服务器

你可以通过常用的 `apt-get` 方法在你的树莓派上安装一个网络服务器。因为树莓派的操作系统是 Linux，你可以选择很多种服务器。表 14-1 展示了这个清单。

在这个项目里面，你需要安装的服务器被称为 nginx（engine X，引擎 X），这是一个非常好的服务器，并且还非常容易使用。

表 14-1　　　　　　　　　　　　　树莓派网络服务器

名称	用途
apache	专业的网络服务。有很多特性，但较难管理
nginx	专业的网络服务。有很多特性，但是你可以忽略大部分。比 apache 更加容易设置
lighttpd	非常简易的网络服务器。使用简单，设置方便，但是仅仅适用于简单的项目。然后这个名字的读音也是未曾确定的
node.js	最新的服务器之一。非常的灵活，但是对于初学者们来说太过复杂了

不要尝试同时安装多个服务器。如果你想要测试一下 Apache 而不是 nginx，那么你还是在一张新的存储卡上安装新的 Raspbian 系统之后再进行测试吧。多个服务之间器并不会永远都能够和谐地相处。

安装 nginx

要安装 nginx：

1. 如果你正在使用桌面操作系统，那么先打开一个终端窗口。

如果你没有使用桌面系统，确保你可以及时地在提示符处看到命令。（见第 5 章与第 9 章以获得更多关于终端窗口与命令行的信息。）

2. 输入下面的命令并且按下回车：

```
Sudo apt-get install nginx
```

图 14-2 展示了接下来将会发生什么。你的树莓派将会进行正常的安装操作。奇怪的消息将会不断地从终端窗口滚过，你很难理解它们是什么意思。最终，命令行提示符将会再次出现。

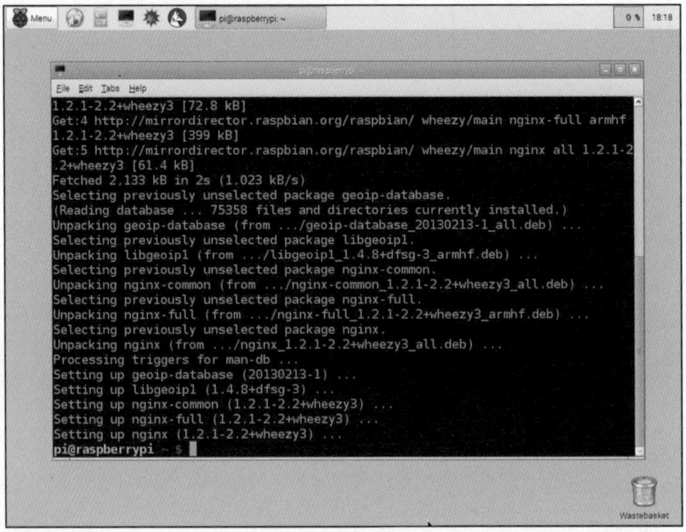

图 14-2

启动 nginx

在你安装完 nginx 之后，你需要启动它。最简单的方法就是重启你的树莓派。

在桌面系统中，单击 Menu（菜单）按钮并且选择 Shutdown（关机）。然后单击 Reboot（重启）并单击 OK。

如果你并没有使用桌面系统，输入下面的命令并且按下回车：

```
Sudo reboot
```

然后等待正常的重启队列完成。在重启完成后，再次登录，并且使用 startx 启动桌面。

这是一个关于比较容易记忆的 Linux 命令的非常罕见的例子。

检查 nginx

当需要查看 nginx 是否在工作时，按照下面的步骤：

1. 在树莓派中打开 Epiphany 浏览器并且在地址栏内输入 localhost。

这个命令将会让计算机中的浏览器运行并且查看是否有一张网页会展示给你。

图 14-3 展示了在之后应该会发生什么—— 一个欢迎消息显示了。这个消息表示 nginx 正在运行。这是一张真正由树莓派提供的网页。

你还没有全部完成。

2. 如果你已经知道了你的树莓派的 IP 地址——因为在第 5 章的时候我们就已经设置过了，所以在另外一台连接网络的计算机上打开一个网络浏览器并且将树莓派的 IP 地址输入到地址栏。

3. 如果你并不知道 IP 地址，那么先打开一个终端窗口或者使用命令行提示符并且输入

`hostname -I`

图 14-3

4. 按下回车。

你就会看到你的 IP 地址了。

如果你输入了正确的 IP 地址，你应该可以在处于同一网络中的任意一台计算机上使用浏览器访问这个网址啦，同样，智能手机与平板计算机也是可以访问的。这样就完成了，网页会像被施了魔法一样出现。

现在你就可以开始考虑修改一下默认出现的文本了，这样你的网页可以变得更加有趣。

你可能会想是不是可以将树莓派上的网页放到互联网上。如果给你一个 mywebsite.com URL 呢？你可以的，但是这有些复杂。下一章会有一些可以帮助你入门的提示与引导。将你的树莓派放到网络上是一个巨大且艰难的项目，并且考虑到安全方面，这也不是一个明智的选择。

编写简单的网页

默认网页并不是非常的有趣。但是在你修改这个网页前，你还需要弄清楚要修改什么。

那么网络文件位于何处呢？大多数服务器都会通过一条标准路径来提供文件。对于
nginx 来说，路径为：

/usr/share/nginx/www

在桌面操作系统中，打开文件管理器并且找出文件所处的正确路径，如图 14-4 所示。
你可以看到这个目录下有两个文件。这两个文件都以 .html 为后缀名，这说明它们是网
络内容文件。它们包含着可以使一张网页显示在你的浏览器上的指令。

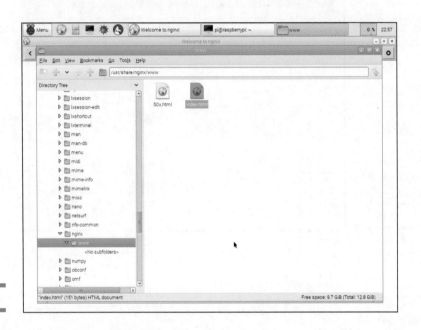

图 14-4

HTML 代表的是超文本标记语言（Hypertext Markup Language）。你并不需要记得这
到底意味着什么，但是你却需要牢记 .html 文件是网页文件。

使用 index.html

当你向一台服务器请求一张网页的时候，服务器将会寻找一个名为 index.html 的
文件。如果服务器找到了这个文件，那么就会将其发送到这个浏览器。

想要让你的网页看起来与众不同，你还需要编辑这个文件。

在文件管理器中，右击 index.html 并且选择使用文本编辑器（Text Editor）将这
个文件加载到 Leaf 编辑器中。图 14-5 展示了打开文件并且编辑的场景。

图 14-5

那么 50x.html 的功能是什么呢？试着在浏览器中输入"[树莓派的 IP 地址]/50x.html"看看会发生什么。那并不能生效，不是吗？等等。的确，这实际上是一张"无法查找到"的网页。如果你给 nginx 一个 URL，那也无法生效，仅仅会展示这个文件中的内容。如果你直接请求这个文件也会出现这些内容！一般来说，这类文件都被称为 404 文件。出于某些原因，nginx 使用 50x 网页来替换它的版本名称。

理解标签

如果你认为 HTML 看起来和 Python 很像的话，那就错了。因为它看起来非常的奇怪 (`<with><lots><of><angle><brackets>`)。

HTML 其实比看起来要简单。核心思想就是将一个页面分割成多个模块。你可以使用预制的模块（比如页面标题与页眉），你也可以自己编写相应的模块。

模块由标签标记，是处于标签之间的内容(`<tag></tag>`)。每一个模块都有两个标签，这样浏览器就会知道从何处开始，于何处结束。第二个标签内部需要使用反斜杠标记。

例如，

`<title>This is the page title</title>`

这里就是一个标题模块。位于标签之间的单词就是页面的标题。

你一定想知道为什么你无法在浏览器的窗口内看到页面的标题，那是因为这个小标签将会被设置为出现在浏览器标签栏中的标题名称。这个标签内部的文本并不会在页面窗口内部出现，这是不是有点奇怪？

理解 html、head 与 body 标签

有一些标签将会让浏览器做好显示页面的准备。这个标签所代表的模块就是 head 模块。余下的标签用于将需要显示在页面上的内容包括进去。这些标签需要位于 body 模块内。

你同样也可以添加一个 html 标签。你并不是十分需要它，只是它一般都会被默认放置到页面中。

大体上来说，一张页面内部的标签就像这样：

```
<html>
<head>
stuff that sets up the page goes here...
</head>
<body>
stuff you see on the page goes here...
</body>
</html>
```

成熟的网页同时还会包括一种被称为 doctype 的东西，它可以告诉浏览器如何解析文件余下的内容。Doctype 是一个单独的标签，不需要在后面对应一个 </doctype>，它的后面往往会跟着技术性的术语。在简单的项目中，你可以忽视 doctype。

搞定文件权限

现在，你已经了解如何修改欢迎标语啦。你只需要编辑里面的文本并且保存文件，然后就可以开始测试了吗？

不，因为还有权限问题。你并没有编辑 .html 文件的权限。这个权限属于 root 用户（上帝用户）。

在你保存文件之前，你还要写入属于自己的欢迎消息。你可以通过很多种方式实现。其中一种就是使用简洁的文件管理器：

1. 选择 Tools ➪ Open Current Folder in Terminal（在终端内打开当前文件夹），如图 14-6 所示。

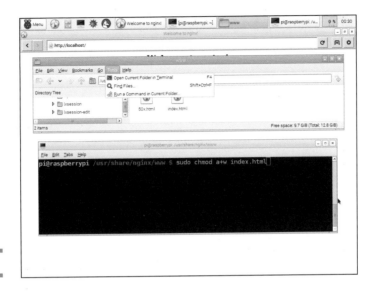

图 14-6

这一步就会在终端内打开当前文件夹啦。

现在你已经可以使用 Linux chmod 与 sudo 命令来修改 index.html 的权限了。

2. 输入下面的代码并且按下回车:

```
sudo chmod a+w index.html
```

这个命令可以使 index.html 文件设置为可写入,所以你可以使用编辑器修改文件并且保存。

修改欢迎标语

在你修改完权限之后,你就可以编辑文件了。你能猜到你需要修改的是哪些内容吗?如果你编辑的是类似于这样的一行代码:

```
<center><h1>Welcome to nginx!</h1></center>
```

那么修改标签之间的文本之后,网页就会显示不同的文字了。使用 Leaf 编辑器将这一行修改为:

```
<center><h1>Welcome to my Pi!</h1></center>
```

选择 File ➪ Save 来保存文件。单击浏览器上的重新加载按钮,网页将会展示新的文本,如图 14-7 所示。

图 14-7

了解更多网页设计知识

你刚刚编写的网页可以说是最简单的了，但是你可以让这张网页变得更加有趣。

首先，你需要知道在其他标签中发生了什么：

- <body> 标签包含一组额外的条目。其中的 bgcolor 与 text 条目用于设置背景颜色与文本颜色。

- 这里的 标签将会告诉浏览器将其中的文本放在当前行的中央。

- <h1></h1> 标签可以让浏览器将其中的文本设置为当前页面的大标题。你可以将 <h1></h1> 修改为 <h2></h2> 进而缩小文本大小，一直可以缩小到 <h5></h5>，最后文本字体的大小会与正常字体一样。

如果你想要制作简单的网页，这些标签就已经够用啦。

分割内容与样式

网页设计的一个基本的原则就是你需要在独立的文件中保存内容与样式。

这里的 .html 文件会包括所有的语句、重要的照片、网页链接、YouTube 链接，还有其他的一些内容，就是说这个文件中将会保存访客可以看到的全部内容与样式。

这里的样式与风格颜色、页面布局、模块、形状、字母大小、字体甚至还有简单的动画，都会被保存到另外一个文件中。这个文件的扩展名为 .css。这个文件将会告诉浏览器如何设置内容的外观，让网页看起来美观，或者至少要让网页不难看。

样式与风格远比听起来复杂。看起来非常漂亮的网页可以比糟糕的网页吸引多得多的访客。风格可以帮助网页更加易于使用。

如果你没明白这里的内容与样式的分割的话，那么可以先看看 www.csszengarden.com 中的教程。在这个网站中的所有网页都拥有相同的内容，它们都使用了同一个 .html 文件，但是这些网页之间却拥有不同的网页风格，这些风格被设置在不同的 .css 文件内。这些 .css 文件让这些网页看起来有完全，甚至是惊人的不同。

CSS 是层叠样式表（Cascading Style Sheets）的缩写，这听起来有点像一支加拿大独立乐队的名字，但并不是，你并不需要记住这个缩写。你只需要记住在一个 .css 文件中的那些样式细节就足够啦。

CSS 入门

你可以为你的介绍页面编写一个简单的 .css 文件来修改网页的外观与布局。你需要完成四个步骤：

1. 创建文件。
2. 写入一些样式命令并且保存文件。
3. 修改 .html 文件并且移除所有原文件中的样式与风格设置命令。
4. 修改 .html 文件，让其可以加载 .css 文件中的样式与风格。

下面的几个部分就会详细讲解这四个步骤。

创建一个 CSS 文件

要创建一个 CSS 文件，就在终端窗口中打开这个文件，输入以下命令并按下回车（一行命令按一下回车）：

```
sudo touch my.css
sudo chmod a+w my.css
```

你现在就已经创建了一个名为 my.css 的空 CSS 文件了，同时你还具有编辑这个文件的权限，这绝对是一个有利因素。

如果你关闭了终端窗口，选择 Tool ⇨ Open Current Folder in Terminal（在终端中打开当前文件夹）来打开这个文件夹，然后使用 touch 命令来创建一个空文件。

添加样式

CSS 的规则就是你可以为你的 HTML 中的标签添加相应的样式。无论是 <body> 还是 <h1> 标签，你都可以为它设置样式。

显然，如果 CSS 看起来与 HTML 文件差不多，就太过于简单了。所以二者是具有较大差别的。两者的工作方式也是完全不同，但是用起来并不难。你需要添加一个标签并且将样式添加到这个标签中，你还需要将样式包含在你的大括号内。大概就像这样：

```
tag-name {
decoration statement;
another decoration statement;
keep adding decoration statements until you're done;
}
```

认识样式

我们如何才能够知道我们可以使用的样式有哪些呢？你可以访问 www.w3schools.com/css/default.asp，查看 CSS 参考文档。

这里有数百种样式选项。大多数人无法全部记住。如果你想要了解更多关于 CSS 的知识，学习一遍网络上的教程是非常不错的选择。

这里有很多需要学习的地方，但是一般来说你需要考虑的仅仅是修改背景颜色与字号（字体大小）。要实现这些功能，并不需要了解太多 CSS 的知识。

这里是 CSS 样式的一个简单示例：

```
body {
background-color: rgb(255, 255, 0);
}
h1 {
text-align: center;
font-size: 100px;
}
```

翻译成中文，这些语句的意思是：

将网页的背景颜色设置为黄色

将主标题 h1 放到网页中央

将字号设置为 100 像素之高

你要知道怎么编写这些代码，并且将其保存到一个 CSS 文件中。

将风格从 HTML 中移除

由于你已经把样式全部都写入了 CSS 文件中，你需要移除 HTML 文件中原有的样式。这意味着你需要删除 `<h1></h1>` 标签所在行中的 `<center></center>` 标签。

你同样还需要删除 `<body>` 标签内的一切样式。这里的 `bgcolor` 与 `text` 语句需要被去掉。最终 `<body>` 标签中的代码应该像这样。

```
<body>
<h1>Welcome to my Pi!</h1>
</body>
```

其他的代码就不要修改了，也不要删除！只需要修改 `<body>` 标签内部的东西。文件中的其他部分需要保留。

在网页中加载一个 CSS 文件

在你写好一些 CSS 文件之后，你需要将这些文件引入到你的网页中。你需要在 HTML 的 `<head>` 部分添加一行代码。

在 Leaf 编辑器中打开 HTML 文件。找到 `<head>` 标签并且在其中添加这一行代码：

`<link rel = stylesheet type=text/css href=my.css>`

这行代码会告诉浏览器去加载 CSS 文件并且使用其中的样式。最后一部分非常的重要。它会告知浏览器 CSS 文件的位置与名称。

查看网页

想要检查网页，需要将其重新加载到你的浏览器中。你应该能够看到如图 14-8 所示的网页。背景是靓丽的黄色。其中的文字非常巨大。得到这样的结果标志着你已经成功分离了 HTML 与 CSS 文件。

你可以通过进行其他方面的修改来实验。如果你修改了位于背景颜色语句中的 rgb 值会发生什么呢？如果你将字号由 1000 px 修改为 1 px 又会发生什么呢？

你可以试着修改一下 CSS 语句并且看看会发生什么。你也可以尝试着使用一些还没有用过的新语句。

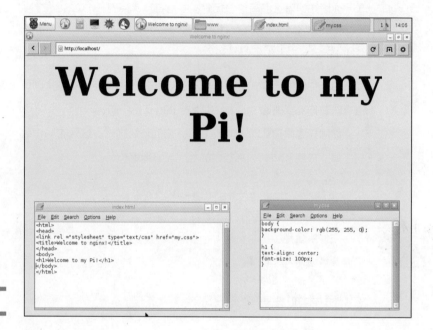

图 14-8

较为深入地学习 CSS 与 HTML

如果你觉得对于这一部分太过于头大则可以选择跳过，好好休息一下。你可以在以后的深入学习中再来看看这部分所讲述的内容。

之所以为你事无巨细地讲述 CSS 与 HTML 的书往往都非常巨大、厚重并且昂贵，是因为有太多需要了解的知识了。但是仅仅通过应用一小部分特性（超链接、图片，以及其他很酷的特性）就可以编写非常绚丽的网页啦。

运用一些非常实用的标签

表 14-2 中有一组你可以使用的标签。例如，如果你想要包含一个指向 Google 的链接，在 HTML 中应该看起来像这样：

```
<a href = http://www.google.com>This is a link to Google.
Why not click me?</a>
```

表 14-2　　　　　　　　　　　　　　HTML 伪表

标签	用途
`<p></p>`	段落文本标签。用于网页中的大篇幅段落，也可以用于段落之间的分隔
`<a href = URL>label</a>`	制作网络链接。将其中的 URL 修改为你的目标网址，但是在网页上只能够看到一个带有超链接的 label
`<img src = URL></img>`	从 URL 地址下加载一张图片或者照片
` `	换行符。不需要在后面匹配 `</br>`

表 14-3 列出了一组特殊标签。你不可以直接输入这些标签，因为它们不会出现在网页中。

要让它们显示在网页上，你还需要在开头配合使用一个＆符号，在末尾配上一个;符号。

表 14-3　　　　　　　　　　　　一些 HTML 中的特殊字符

标签	用途
` `	空格
`&copy;`	版权符号:©
`&deg;`	度符号:°
`&lt;`	小于号:<
`&rt;`	大于号:>

这里的空格符非常有用，因为 HTML 会忽略你的空格键，只能够识别空格符。如果你想要尝试展示一篇有较多空格的文章，那么这些空格可能只会出现一个（真的，这就是 HTML 的功能）。要把空格拿回来，那么你还是需要重复输入 ，需要多少空格就输入多少次。

使用 `<div>` 与外部 class 选择器

HTML 仅有有限的预置标签。你会很快发现没有足够的标签可用。

幸运的是，你可以编写自己的标签。你可以使用 `<div>` 标签并且连接一个 class 选择器——这里的 class 可不是学校里的班级。在这里，class 意味着可以使用的一组 CSS 样式属性。

在一个 HTML 文件中，一个 div class 是这样的:

```
<div class=my-text>It's awesome!</div>
```

在一个 CSS 文件中，它是这样的：

```
.my-text {
text-align: center;
font-size: 25px;
}
```

看见位于 .my-text 前面的句号了吗？它比较小，但是非常的重要，这是将一个 CSS 文件中的样式添加到 HTML 文件中的 class 的方法。

你可以用你想使用的任何名字命名你的 class。当然名字要以 . 开头，还不可以有空格。不然是无法生效的。

图 14-9 展示了使用了一个 div class 来修饰的一些新文本。不过为了有趣，我们修改了背景颜色。

图 14-9

如果你想要了解关于网页布局的新知识，你可以学习一下 CSS box 模型。你可以使用 CSS 语句将你的文字与图片放置到屏幕的任何地方。在这里我们没有时间再细说 box 模型了。因为这个模型比较复杂，并且有很多地方的运行方式是违反我们的正常思维的。但是如果你想要让你的 CSS 水准达到下一个层次的话，那就需要你自己进行探索啦。

第15章
编写一个智能网站

　　傻瓜网站是无法发生改变的。每一次你查看这张网页的时候，你所得到的都是一样的内容。但是一台网络服务器的本质是一台计算机，所以你应该能够通过编写程序来让这个网站可以使用代码。这里的代码能够修改这个网站，并且每次有访客浏览网页的时候都可以使其提供不同的内容，或者，你的代码会让这个网站变得可以响应问题或者允许访客选择自己想要查看的内容。

理解智能网站

　　大部分的网站都是智能的。Facebook、Amazon、Google、Yahoo！和其他的大型网站都非常智能。当你查看这些网站上的网页时，网络服务器并不仅仅是反馈一张一切都已经定型的静态网页。

服务器将会在代码中生成这张网页！事实上，这张网页将会附加一系列 post 请求、表单、搜索结果，以及所有其他信息。然后，服务器将会从相应的库中取出需要的代码，混合 HTML 与 CSS 之后将网页展开到浏览器中，并且对其进行渲染，这样就形成了你所看到的网页。

图 15-1 向我们展示了你在 eBay 上所请求而得到的一张网页。eBay 的网络服务器已经为一张网页搭建好了所有的照片、菜单、链接、搜索框、标题，以及其他的文本。而你所看到的每一张网页都是由服务器以同一种方式生成的。

图 15-1

即使是最简单的博客网站都是非常智能的。你可以搜索博主的推送，还可以限制推送的时间，搜索主题，等等。

编写一个大型智能网站需要很多工程师一起花费大量的时间才能够完成，但是你可以使用他们所使用的一些工具来为你的树莓派编写一个非常简单的智能网站。这个智能网站并不需要像 eBay 或者亚马逊那么复杂，但是将会帮助你入门智能网站的设计。

认识 PHP

你可以使用很多不同的工具编写智能网站。PHP 是一门非常流行的编程语言，在工程师内部很受欢迎。你可以将 PHP 代码直接写入到一个 HTML 文件中。

大体上来说，当你想要网络服务器能够为你创建一些内容的时候可以使用 PHP 进行编程。所以你的网站并不会只有固定的标语，你可以使用 PHP 作为一个填充空白的机器，这样你的网站就可以显示任何你想要说的话啦。

你想要向空白处填充什么呢？那就取决于你啦。限制你的仅仅是你的想象力和你想要花费在编写网站上的时间而已。

更为优秀的是，PHP 可以运行其他的代码。你可以使用 PHP 运行 Linux 命令或者 Python 程序。它拥有无限的可能性。

PHP 是 PHP：Hypertext Processor（超文本处理器）的缩写。这个名称是一个递归的示例，你可以在第 12 章中查看详细信息。

安装 PHP

这里的 nginx 网络服务器（见第 14 章）可以与 PHP 兼容，但是其中并没有预装 PHP。你需要自己安装 PHP 并且在你使用之前完成设置：

1. 如果你在桌面环境下，那么打开一个终端窗口，这样就可以使用命令行。

2. 输入下面的命令：

```
sudo apt-get install php5-fpm
```

3. 按下回车。

4. 被询问之后输入 Y 并且按下回车。

与平常一样，将会有很多文本滚过终端窗口。等一会儿之后你就又可以看到输入提示符啦。

设置 index.php

PHP 并不是安装之后就可以使用的。你还需要手动编辑一个文件让 nginx 知道你想要使用 PHP：

1. 打开文件管理器并且在导航栏里面输入下面的路径：

```
/etc/nginx/sites-available
```

你将会看到一个名为 default 的文件。由于权限问题，你没有办法编辑它。

2. 打开一个终端窗口并且输入下面的命令，接着按下回车：

```
sudo chmod a+w default
```

3. 双击这个文件以使 Leaf 编辑器打开它。

你会看到一大段杂乱的语句。这些都是用于设置 nginx 的代码。你可以忽略大部分，但是如果你想要让 PHP 生效的话，你需要修改一部分内容。

4. 向下浏览文件，直到你看到以 `server{` 开头的那一行代码，然后找到这一行：

```
index index.html index.htm;
```

5. 将这一行修改为

```
index index.php index.html index.htm;
```

这一行代码就是告知 nginx 去搜索一个名为 index.php 的文件，而不是 index.html。如果无法找到 index.php，那么就搜索 index.html。

图 15-2 展示了高亮了这一行之后的文件，这样你就可以知道在哪里进行修改了。（当然，文件本身并没有高亮，这里只是为了方便展示所进行的调整。）

图 15-2

正如你可能会猜想的那样，你可以将 **PHP** 代码加入到 index.php 中。

告诉 nginx 去使用 PHP

想要让 nginx 使用 PHP，那么请转到文件中的这一行：

```
#location ~ \.php$ {
```

这里的 # 符号就像开关一样。当你在设置中包含了一个 # 符号的时候，nginx 将会忽略这一行中 # 符号后面的所有内容。

想要使得 PHP 可用，你需要移除一些 # 符号。找到下面的这几行并删除掉其开头的 # 符号，记住，每一行开头的 # 都需要被删掉。不要修改其他行中的内容。

```
location ~ \.php$ {
fastcgi_split_path_info ^(.+\.php)(/.+)$;
fastcgi_pass unix:/var/run/php5-fpm.sock;
fastcgi_index index.php;
include fastcgi_params;
}
```

不要忘掉最后的一个大括号前面的 # 也需要被删除，所以需要编辑的那几行代码看起来应该像这样：

```
location ~ \.php$ {
        fastcgi_split_path_info ^(.+\.php)(/.+)$;
#       # NOTE: You should have cgi.fix_pathinfo = 0; in php.ini
#
#       # With php5-cgi alone:
#       fastcgi_pass 127.0.0.1:9000;
#       # With php5-fpm:
        fastcgi_pass unix:/var/run/php5-fpm.sock;
            fastcgi_index index.php;
             include fastcgi_params;
}
```

图 15-3 是这几行代码的截图。

重启

让 nginx 使用最新的设置的最简单方法就是重启你的树莓派了。在桌面环境下，单击 Menu 按钮并且选择 Shutdown（关机）。然后单击 Reboot 并且在之后单击 OK。

如果你使用的不是桌面环境，那么输入下面的命令并且按下回车：

```
sudo reboot
```

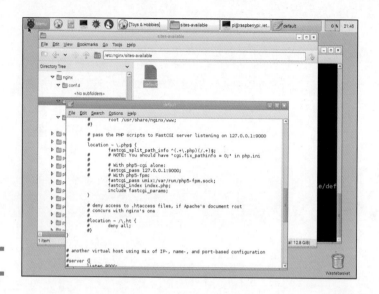

图 15-3

然后等待你的树莓派重启。在重启队列的最后,再次登录并且使用 startx 启动桌面系统。

PHP 入门

如果你刚刚学习了第 14 章的内容,并且想要试着将 localhost 输入到 EPiphany 或者将树莓派的 IP 地址输入到另一台计算机的浏览器中,你将会看到 nginx 提供的依然是 index.html 文件。

如果你还没有学习第 14 章的内容,那么现在赶快去看一遍,因为你将会需要处理相同的文件并且还需要设置服务器,而这些基础的处理都是相同的。

你还没有新建你的 index.php 文件呢,但是你现在可以开始工作啦。

想要创建一个名为 index.php 的文件,需要按照下面的步骤:

1. 在文件管理器中,输入下面的文件路径并且按下回车:

/usr/share/nginx/www

2. 选择 Tools ➪ Open Current Folder in Terminal (在终端中打开当前文件夹) 来打开一个终端窗口。

3. 输入下面的命令并且在每一行命令输入完成之后都按一次回车:

```
sudo touch index.php
udo chmod a+w index.php
```

这一步创建了一个名为 index.php 的新文件并且将它的权限设置为可写入，这样你就可以在 Leaf 编辑器中修改它了。

如果你已经习惯了在一台 PC（Personal Computer，个人计算机）或者一台 Mac 上工作的话，那么转向命令行并且使用命令行创建文件可能看起来需要做很多额外的工作。并且你知道吗？的确麻烦得多。如果你经常使用 Linux，你可以编写小型脚本程序并且创建快捷键来加速这些操作，但是这还是要比在 PC 或者 Mac 上复杂得多。但不幸的是，这就是在 Linux 中的工作方式。

测试 PHP

如果你重新加载你的网页，你应该能够看到一张空白的页面。Index.php 文件中并没有什么内容。浏览器也非常适应处理此类情况——它只是展示一张空白网页而已。

要让 PHP 展示一些内容，需要：

1. 使用 Leaf 编辑器打开 index.php 并且添加下面这一行代码：

```
<?php phpinfo(); ?>
```

确保你没有遗失尖括号、问号和空格！如果你有地方搞错了，代码就无法运行啦。

2. 再次重新加载页面。

图 15-4 展示了你将会得到的页面是什么样的。哇哦！这些信息是从哪里来的？这里的代码只有一行啊！这行代码的用途是什么？

你刚刚自己动手完成了你第一个智能网站。

那一行代码就像这样运行：

```
<?php        # 这行代码将要运行一些 PHP 代码
phpinfo();# 创建一张告诉你这台计算机上所安装的 PHP 的所有信息的网页

?>           # 这里完成全部 PHP 代码
```

在计算机语言中，phpinfo() 是一个内置方法。这是属于 PHP 的魔法语言。如果你是一个开发者，这些信息页面将会告诉你在这台计算机的 PHP 中可以使用的特性以及那些无法使用的特性。

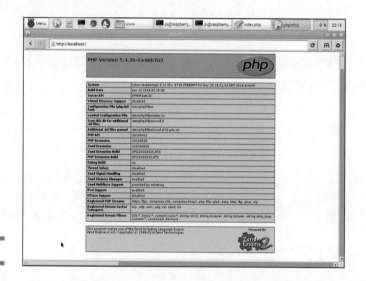

图 15-4

举个例子，这里的 EXIF 部分将会告诉你用于从照片中读取相机，位置以及时间日期的信息所包含的特性。而 openssl 部分包含了一些关于安全的信息。（实际上，它会告诉你这里的安全代码已经过时了。）这里的细节非常的技术化，可能只有专家才会感兴趣吧。

如果你并不是一个开发者，你可以忽略掉这里的内容。我们所关注的重点只是你可不可以看到这张网页，如果你看到了，PHP 就是可以运行的，并且你可以开始使用它创造一些炫酷且实用的作品。

另外一件重要的事是 PHP 由许多内置组件构成，它们并不是都用来制作大型网页的。它们大多数做较为简单的事。但是当你编写 PHP 代码时，你会使用这些组件，并用数字和文本代码为它们润色。

如果你是一个小心翼翼的 PHP 初学者，你可以访问 www.w3schools.com/php/。当然，这里有许多学习内容，这里的学习指南是以循序渐进的方式来指导你的，同时你可以在浏览器中操作代码，这可是非常酷的哦！

玩一玩 PHP

在这个部分中，你可以做一些简单得多的任务啦。你可以让 PHP 显示目前的日期与时间。PHP 有内置的方法用于显示此类信息。

声明并打印变量

在 PHP 中，变量以美元符号（$）开始，就像这样：

```
$avariable
```

想要声明一个代表当天日期的变量，首先将你的文件修改为下面这样：

```
<?php
$today=Sunday;
echo $today;
?>
```

PHP 代码中包含所有用于制作 HTML 的实用标签。当你想让 PHP 在页面上显示某些东西的时候，你往往会将其包含到一个 div 模块或者其他标准标签中。然后你可以编写 CSS，为其添加风格。在本章中，出于空间考虑，我们跳过了这些步骤。

如果你还不知道 CSS 与 HTML 究竟是什么的话，那么赶紧阅读第 14 章吧。

这里有一个非常酷的东西——PHP 可以将标签插入网页中并且还可以在其间添加内容，同时还可以添加 CSS 以对这些标签进行修饰。

在有经验的开发者手中，PHP 完全就是一个网络机器人。

这里的 echo 命令将会用于打印一个变量的值。它可以将变量的内容插入到网页中，这样变量值就会在你加载网页的时候出现在屏幕中了。

你能猜测这段代码的作用是什么吗？保存文件并且重新加载这张网页。你应该能够看见“Sunday”出现在网页中。

这并不是非常振奋人心，尤其是当结果并不是“Sunday”的时候。那么如何让 PHP 立刻就能够正常工作呢？

日期与时间往往是非常有用的，所以你可以使用 PHP 内置的方法。它被称为 date()，是一个惊喜。

日期非常的简单，是不是？

并不。日期与时间其实是非常复杂的，特别是在计算机上进行处理的时候。你希望日期会以怎样的形式出现呢？你希望日期是以英语顺序 / 欧洲顺序（day.month.year）显示还是以美国顺序（month.day.year）显示呢？你想要一周工作七天还是缩短工作时长？你的确是很需要时间的，对吗？

看到了吗？这并不简单。

显示日期与时间

`date()` 能够处理你所能想到的全部选项，以及其他你没有想到过的那些事情，但是你需要告诉它你需要的是什么。你需要传入一个格式字符串，这等于说你给出了一个字母的列表，每一个字母都可以设置日期中不同部分的格式。

如果想要弄清楚每一个字母的作用，那么建议你看看 PHP 手册中的 `date()` 页面。图 15-5 展示了该页面，网址是 `http://php.net/manual/en/function.date.php`。

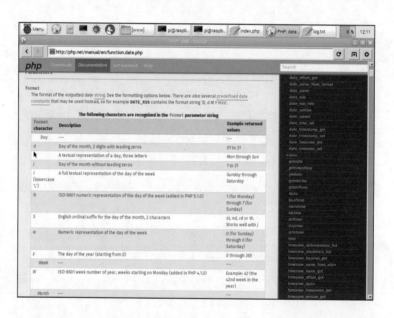

图 15-5

加载这张网页，然后你会看到很多字母与选项。你可能无法理解其中的大部分，但是这并没有什么关系，因为你所需要的仅仅是完成一些简单的任务，而且就当前来说，你并不需要考虑非常复杂的项目。

想要让任务简单化，这里有一个非常简单的示例：

```
<?php
$today = date(F d Y);
echo $today;
?>
```

这段代码有什么作用？首先在使用手册中查找 F。你可能会从这里的讲解中猜出它的功能——将月份的名称以一个单词的形式显示出来。

那么 d 的功能又是什么呢？在使用手册中找到它，读取说明文档，然后检查一下这里的例子。它用来将天数以数字显示。如果天数小于 10，就在数字前面补 0。

那么 Y 呢？它以四位数字的形式显示年份。

你可能已经开始理解 PHP 的工作方式了吧。你还可以添加时间，自己可以先试试。

这里还有另外一种方式：

```php
<?php
$today = date(F d Y, g:i:s a);
echo $today;
?>
```

你可以在参考手册上看看这里的每一个字母有什么作用。然后再看看你能不能猜出来这些字母组合在一起的时候会发生什么。

认识 PHP 的智能

你应该能够得到类似于这样的结果：

```
March 13 2015, 12:21:53 am
```

现在一些神奇的事发生了。

当你重新加载网页的时候日期与时间都会发生改变。

你已经编写了一个非常简易的智能网页，并且每次加载网页时日期与时间都会自动更新。

你并不需要使用这个方法来设置日期或者时间。网页已经足够智能，它可以在每次加载的时候显示正确的日期与时间。

任何访问这个站点的用户都可以得到正确的日期与时间。

记录日期与时间

显示日期与时间仅仅是开始，这仅仅是一种非常普通的功能。大多数人已经知道日期了，而一般的人，只要醒着，也会知道时间。

但是 PHP 并不是仅仅将一些额外功能加入到网页中的一门语言。它是一门让你的网络服务器可以为你辛苦工作的编程语言。这意味着你可以为所有种类的事物添加所有种类的信息——日期、时间、地址、电话号码、电子邮箱地址、Twitter 账号、天气图片、新闻报告，甚至是从其他网页中拉取的信息。

从其他的网页中拉取信息并且将其应用到你自己的网页上的技术被称为网络抓取。作为一个主题，网络抓取技术对于本书来说有些过于复杂了，但是你可以通过在网络上搜索来学习更多关于这门技术的知识。Python 与 PHP 都内置了用于网络抓取的代码，所以你并不需要"白手起家"。

创建一个文件

你可以创建一个稍微复杂一点的项目，这个项目可以记录访问者阅读网页的日期与时间，一般被称为日志。

计算机会创建日志就好比船长会记录航海日志一样。船长会在地图上绘制一条航线，然后根据船舶的航行速度来计算出走完这条航线所需要花费的时间，而这里的测算都会被记录到一本特殊的书中。在计算机中记录日志并不是个好主意但日志依然保存在当前的计算机系统中。

你需要通过终端窗口创建一个日志文件。确保你当前所在的目录路径为 /use/share/nginx/www。然后输入下面的命令。每个命令输入完成之后都需要按下回车以运行命令：

```
sudo touch log.txt
sudo chmod a+w log.txt
```

这些命令的作用就是编写一个空的日志文件。现在你就可以开始将日期与时间写入到这个日志文件中啦。

使用 PHP 为你创建文件也是可行的。但是代码有些复杂，在 PHP 中处理权限问题更加困难。

告诉 PHP 写入文件是哪个

将日志文件的地址存入一个变量之中是非常有用的。你并不是必须要这么做，但是这样做可以让代码简单一些，也更容易被读懂。而使用变量存储日志文件地址也让处理多个日志文件变得更加简单，以后你可能将会需要使用多个日志文件。

将这一行代码加入到你的 index.php 文件中，在 <?php 的后面添加：

`$log_file = /usr/share/nginx/www/log.txt;`

这一行创建了一个名为 log_file 的变量，并且将路径存入到这个变量中。

让 PHP 写出日期与时间

在 PHP 中，保存与加载信息是非常复杂的，但是 PHP 有一种非常简洁的方式让这些操作变得更加简单。你可以使用一个名为 `file_put_contents()` 的方法将一些信息写入到一个文件中。

这里的代码是：

```
file_put_contents($log_file, $today, FILE_APPEND);
```

只需要将这行代码加入到 `?>` 之前。你能够想出来这行代码的功能吗？它的作用就是将变量 `$today` 写入到以变量 `$log_file` 为名的变量中。这里的 FILE_APPEND 行意味着是将新信息加入到文件的尾部。这里的大写字母是非常重要的。你必须要输入大写的 FILE_APPEND，小写的 `file_append` 是无法生效的。

如果你不使用 FILE_APPEND，文件中的内容将会在每次写入之后被覆盖，所以你只能够得到最新的时间或者日期。有时候你可能会需要这样，但是不是在这里。

分行

如果你现在就保存文件并且重新加载几次页面，你将会看到有内容不断填充到 log. txt 中，但是填充的方式并不有效。当你将日期与时间写入到磁盘中的时候，最后出现的还是很长的一行。

要想解决这个问题，你还需要告诉 PHP 每次写入日期时间的时候都需要换行。但是如何实现呢？

与往常一样，这里有一个非常有意思的解决方案，你不太可能猜出答案。

PHP 和其他计算机语言一样，都内置了可以在新的一行中加入文本的功能。你需要为你的文本添加换行符。

换行符并不是键盘上的字母。它是一个转义字符。

想要输入一个转义字符，你需要事先输入 \ 告诉 PHP 你正在做某些特别的事情。然后，想要输入一个换行符的话，你只要在 \ 后面加上一个 n 就好了。

弄明白这个换行符是如何生效了吗？你可以使用很多转义字符，但是对于大多数编程语言来说，换行符 '\n' 是用得最多的一种。

想要为已经存在的文本添加新的一行，你需要在这一行前面添加一个 '.'。这里的 '.' 将会告诉 PHP 将这些字符串连接到一起。

想要进行那些修改，那么你需要找到这一行：

```
$today = date(F d Y, g:i:s a);
```

然后将这一行修改为

```
$today = date(F d Y, g:i:s a).\n;
```

现在这里的 $today 与之前的那一行完全一样，但是在最后包含有一个换行符。所以
当你把日期加入到日志文件的时候，文件中的内容将会换行。

确保你输入的是反斜杠（\）而不是斜杠（/）。反斜杠的键位处于计算机键盘的右下方。

图 15-6 包含了所有的内容。你可以看到这里的网页正在显示目前的日期与时间，还
有全部完成的 Index.php 文件和用于示范的日志文件，在日志文件中展示了一组在网页
中曾经出现过的日期与时间。

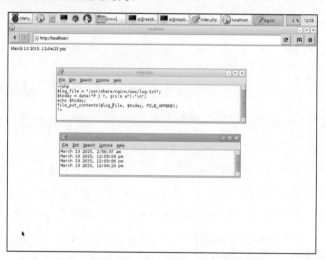

图 15-6

无论何时访问这张网页，当时的日期与时间都会被自动加入到文件末尾。

将 PHP 与 Linux 连接

你可以了解更多关于 PHP 的知识。你可以使用 PHP 搭建巨大且复杂的网络机器。
在美国非常受欢迎的 WordPress 博客系统就是使用 PHP 编写的。

做这个项目只是尝尝鲜而已，在这里我们也没有足够的空间深入其中的细节。但是这里有
一个你需要了解的特性，这个特性非常的有用。你可以使用它在 PHP 代码内部运行其他的软件。

PHP 有一个特殊的方法——shell_exec()，这与在一张网页中运行 Linux 命令行
非常相似。

所以你可以在 PHP 中运行任何 Linux 命令。这里是一个示例。你可以编辑 index.php，输入下面的内容：

```
<?php
$result = shell_exec(ls -Al);
echo <pre>$result</pre>;
?>
```

这段代码将会以 Al 开关来运行 ls 命令，功能是列出当前目录下的所有内容。

那么其中 `<pre></pre>` 的功能是什么呢？如果你没有包括这对标签，你将仅仅能够看见输出内容的最后一行，这看起来会有些让人摸不着头脑。

当你运行一个命令的时候，PHP 与浏览器都会自动添加额外的格式，这也避免了出现其他它们（指 PHP 与浏览器）认为你不需要的行或者字符。

`<pre></pre>` 是一种特殊的 HTML 标签，它的作用是防止上述情况发生。当你在使用它的时候，浏览器将会输出原始的内容，而不会对其进行智能处理。同时浏览器会为这段内容赋予一种比一般网络文本更为整洁的字体。

图 15-7 展示了这列文本是如何显示在网页内部的。当你重新加载这张网页后，网页也会在你的浏览器中出现。

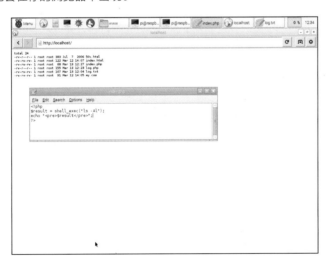

图 15-7

处理权限问题

`shell_exec()` 非常好用，但是这里有一些需要注意的地方。当你运行类似于 `ls` 的命令时，它将会列出在网络目录存在的文件，因为这里的命令其实是由服务器运行的。

这是如何影响权限的？我们需要花一段时间弄明白发生了什么。

当你使用树莓派的时候，你将会以用户 pi 登录。用户 pi 并没有"上帝模式"的特权，所以你需要使用 `sudo` 命令（见第 11 章）来获得处于"上帝模式"下才能够做的事情。

nginx 网络服务器也会以用户的方式运行，但并没有"上帝模式"的权限。

但是你可以使用 `sudo`，对不对？这里答案是否定的。出于安全因素考虑，`shell_exec()` 并不可以使用 `sudo`。如果你尝试运行一个 `sudo` 命令，`shell_exec()` 并没有什么作用。

所以你是无法随心所欲地使用 `shell_exec()` 的。你可以做任何普通用户可以做的事情，但是并不能完成任何需要"上帝模式"权限的任务。

权限问题并不总是让人非常头疼的。如果你需要对你无法访问的文件进行读写操作的话，你可以在你从 PHP 中运行相关命令之前使用 chmod 修改其权限问题。

这里并没有什么多余的操作，但是你非常容易遗漏一些，因为这些操作并不有趣。

在 PHP 中使用 Python

这里还有一个小技巧——从 PHP 内运行 Python。

要想从 PHP 中运行 Python 需：

1. 打开终端窗口并且输入下面的命令，每行输入完成之后都需要回车：

```
sudo touch simple.py
sudo chmod a+wx simple.py
```

不要忘记在 chmod 命令中写 x。你需要将你的文件设置为可运行（将其视为一个程序再运行）。这就是此处 x 的作用。这里的 w 代表着可写入，与之前一样。

2. 在 Leaf 编辑器中打开 simple.py，并且添加一行代码：

```
print Hello, Python!
```

3. 保存后关闭这个文件。

4. 然后将 Index.php 文件修改为以下内容：

```
<?php
$result = shell_exec(python simple.py);
echo <pre>$result</pre>;
?>
```

5. 保存文件并且重新加载网页。

你应该能够得到类似于图 15-8 的画面（这里的输出字符可能有些过小，无法一眼认出来，但是它的确就是"Hello,Python"）。

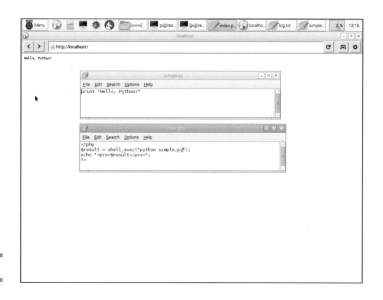

图 15-8

Simple.py 是非常，非常简单的 Python 程序，当然，这里的 Python 代码能够编写得要多复杂就有多复杂，只要你想。它所产生的文本都会直接进入网页文件中，所以你可以使用 Python 编写你想要的几乎所有类型的网络内容。

你无法创造的事物之一就是 turtle 图形。你的 Python 代码只能够将文本内容发送给你的网页，但是无法发送图片。这里有很多种方法进行修改，但是都非常的复杂。在线下，你可以将图片保存为一个图像文件，然后将这个文件转换成一个不同类型的图像文件，然后再将这张图片加载到你的网页中。如果你想要挑战一下自己，看看自己能不能实现这些功能。但是做起来真的不简单，如果你成功的话，必然会有很大的成就感。

整合

通过 PHP，你可以在静态的 HTML 标签中嵌入 Python 代码的输出。或者你可以使用这里的代码将输出内容按指定的风格呈现出来，这样你的内容就是由代码输出的，而不需要你动手。（想要试试吗？那么丢开 <pre></pre> 标签吧，它们会妨碍代码的运行。）

尽管这个项目只有非常简单的示例，但你可能已经理解了你可以使用智能服务器实现的功能啦。你现在也已经知道足够多关于如何使用代码来搭建整张网页的技术了。现在可以做一些大型的复杂操作了，但是你还是要把这些复杂项目分成小部分进行编写，这也与其他的代码编写无异。

JavaScript 简介

第五部分介绍了 Linux、Python、HTML、CSS、PHP。你还认为会有一门语言自己学不会吗？

这里我们要介绍 JavaScript，它经常会在网页内部被使用。与 Python 或者其他的语言不同，它是由事件驱动的，这意味着它不需要从一个文件的开头按顺序运行到结尾。

相反，在用户进行了如下的操作之后，它运行起来更像一个迷你程序集合了：

- 当她打开网页的时候，某些代码将会运行。
- 当她单击鼠标的时候，其他的代码将会运行。
- 当她滚动浏览网页的时候，还是这部分代码运行。
- 当她将鼠标移动到一个按钮或者菜单上的时候，更多的代码将会运行。

同样，非常遗憾地，本书没有介绍 JavaScript 的空间。JavaScript 比 PHP 或者 Python 都更加复杂，因为它会与网页场景背后的代码相关联。

如果你想要看看相关技术的介绍，见 www.w3schools.com/js 上的教程。如图 15-9 所示。

图 15-9

这里还有很多需要学习的地方，所以你最好还是花费更多的时间先学习 Python 与 PHP 的知识。但是如果你认为自己需要学习更多关于网络设计的知识，JavaScript 将是你进行下一部分学习的内容。

使用网络摄像头

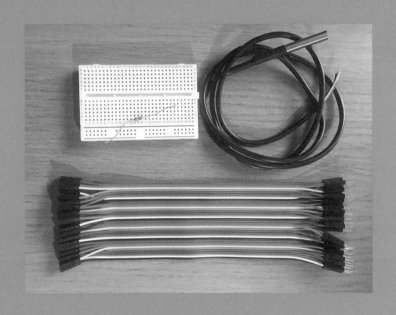

这一部分里……

第16章
使用网络摄像头拍照

将你手中的树莓派改装成一台摄像头会不会是一件很酷的事情？这并不困难，并且你可以将一台廉价的网络摄像头作为你自己的摄像头使用。

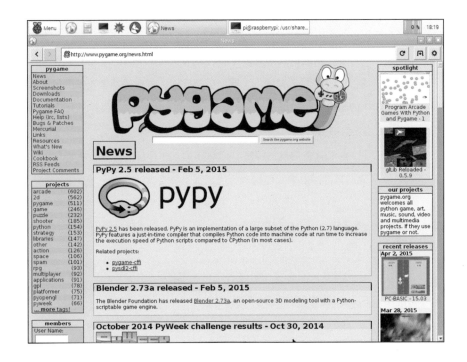

了解网络摄像头

为什么不试着制作一台流媒体视频摄像头呢？流媒体摄像头看起来非常简单，但是其实并不是这样。用于让它们可以工作的技术与代码是非常复杂的。基本的问题在于

✎ **技术并不具有普适性**。一些网络摄像头能够实现运行，其他的就不可以了。除非你亲自试验，否则你是无法确定你的摄像头是否可用。

✔ **这很复杂**。你需要进行很多安装与设置工作。这些工作很多容易发生错误。

✔ **这是一个没有标准的项目**。对于官方树莓派摄像头以及其他的网络摄像头有不同的解决方法。

理解拍照摄像头

在这一章内你可以制作一个拍照摄像头而不是制作一个流视频摄像头，而在第 17 章中，你可以将这台摄像头放到网页上。

一个拍照摄像头并没有智能到可以将视频上传到网络上，但是它解决了三大问题：

✔ **这里的技术更为可靠**。适用于几乎所有的网络摄像头。仅有的那些无法使用的摄像头都是型号非常老旧，或者价格便宜，抑或是两者兼备的摄像头。

✔ **项目简单**。这里将会使用到 Python 与 PHP，所以你并不需要安装任何新的或者特殊的软件。

✔ **具备明确的标准**。你需要输入一行额外的命令将树莓派官方适配的摄像头连接起来。其他的摄像头连这一行代码都不需要。

选择一台网络摄像头

很多人都会有一台或者几台闲置的网络摄像头。也许这台机器是用于 Skype 或者 Facetime 或者视频聊天系统的。

如果你并没有网络摄像头，你可以在亚马逊上网购一台，也可以在大型的超市中选购一台。图 16-1 展示了很多可以使用的网络摄像头。

其中一些摄像头可能售价超过 100 美元。但是对于这个项目来说，你并不需要一个超级昂贵的网络摄像头。任何价值超过 20 美元的型号应该都可以有不错的效果。

这里的代码是使用罗技 C270HD 网络摄像头进行测试的，这台摄像头在美国售价在 25 美元以下，而在英国的售价则是在 15 英镑左右。

要设置这个摄像头，首先将其插入到一个 USB 插槽中。如果你正在使用一个转接器，你可以将其插入到转接器上。Linux 内置了基础的驱动，所以应该能够工作。

图 16-1

使用 RPI 摄像头

如果你手上的是一台官方 RPI 摄像头，你需要输入一行特殊的"咒语"才能够在这个项目中使用它：

```
Sudo modprobe bcm2835-v412
```

确保你输入的命令是正确的（注意这些奇怪的数字）！每一次重新启动你的树莓派之后你都需要再输入一次这行命令。要不然，你的 RPI 摄像头就无法工作喽。

如果你正在使用网络摄像头，那么就不要输入任何命令了。

为了避免始终重复输入这个命令，你可以将这个命令添加到一个名为 /etc/rc.local 的文件中，这个文件是用于存储在树莓派启动之后需要运行的命令的。当然，你需要获得超级用户权限才可以修改这个文件。

认识 Pygame

加载来自一台网络摄像头的照片是非常困难的。如果你需要自己动手编写所有的代码，那么将会花费大量的时间，并且可能只能够应用在一小部分网络摄像头上（因为摄像头之间还是存在轻微的不同的）。

幸运的是，这里有一种非常简单的方法来搞定这个问题。

Python 拥有一个可选用的模块——Pygame。官方网址为 http://pygame.org，如图 16-2 所示。

图 16-2

Pygame 是用于游戏代码编程的一个模块。它可以在一个窗口内部绘制街道，然后移动其中的"精灵"，并且检测它们是否发生了碰撞，以及一些其他的功能。这有点像一个 Scratch 的成熟版本，并且内置在了 Python 中。

如果你正在使用 Pygame 中的其他功能的话，你还需要添加 pygame.init()。如果你不需要使用其他功能，那么也就不需要这句命令啦。

对于这个项目来说，你可以忽略掉这里的游戏特性，你并不需要使用到"精灵"或者绘制盒子。

这里与你感兴趣的部分相关的事其实就是 Pygame 中有一个简单的照片抓取器。这个抓取器可以兼容大部分网络摄像头，并且你可以将其加入到任何 Python 项目中，需要做的仅仅是加入几行代码而已。

这个照片抓取器速度并不快。获取一张照片并且保存需要花费好几秒的时间，所以这里并不可能将视频导出。但是这非常好用，并且不需要任何驱动软件或者其他的附加设备。

Pygame 是一个很好的工具，它可以帮助我们更多地了解 Python。虽然它的速度并不够快，也不够智能，不能帮你编写出可以出售的商业游戏，但是它是一个着手学习 Python 技术的完美途径。你可以在 Pygame 网站上查看上千个示例。

将 Pygame 加入到一个 Python 项目中

Pygame 是内置于 Python 中的。它是 Python 中内置的很多附加模块中的一部分。你并不需要单独安装它，但是你需要告诉 Python 你想要使用 Pygame。告诉 Python 你想要使用某个模块的通用方法就是使用 import 命令，在后面加入模块名称：

```
Import pygame
```

有时候你同样会需要引入模块中特定的特性。因为你需要的是摄像头，所以你需要添加

```
import pygame.camera
```

如何可以知道你需要引入额外的特性呢？这里没有任何逻辑可寻，你需要在网络上查找示例并且复制这些例子。

开启摄像头

很多模块都有特殊的设置选项。设置选项一般会被称为 init，是英文中 initialization（初始化）的缩写。

模块类似于部件工具。或许我们会拥有上百个拥有不同名字的部件，这些部件都具有自己独立的功能并且很有可能会有些作用。

要想使用一个部件，先输入模块名称和一个点，然后接上部件的名称。如果这个部件有子部件，你还需要继续添加点、部件名称，直到一切完成。

要设置摄像头，你需要添加下面这几行代码：

```
pygame.init()
pygame.camera.init()
```

如果你没有加入第一行，那么代码将会在运行的时候出现错误。所以在使用 Pygame 之前，最好还是进行正确的设置。

设置宽度与高度

你想要抓取多大的照片？Pygame 将会给你选择。受摄像头本身最大分辨率所限，你可以使用不同的设置进行试验从而找到最好的输出质量与输出速度，但是抓取拥有更高分辨率与更多细节的照片需要花费更长的时间。

由于你可能想要修改这张照片的宽度与高度，并且还希望可以将代码变得更具可读性，你可以将宽度与高度分别赋值给变量 width 与 height。

这个项目里的示例代码包含有一组其他的可能的照片尺寸。考虑到运行速度你可以使用较小的尺寸：

```
width = 640
height = 480
```

设置用于拍照的网络摄像头

在你设置好宽度与高度之后，你需要在软件中生成一个虚拟摄像机。这个虚拟摄像机就类似于一个拥有超强能力的巨大变量。这一般是你的网络摄像头的软件版本。在这里你不需要在这台虚拟的网络摄像头上按下各类按钮，你只需要发送命令到软件内部。

具有超强能力的变量有的时候会被称为对象。它们拥有属于自己的变量（有的时候会拥有很多变量）与命令（有时候被称为方法），用于那些已经制作完成的对象。Pygame camera 对象在帮助文档中列出了。

Pygame camera 可以实现很多复杂的事情，并且有很多你不需要去考虑的复杂设置，因为默认，所以变量在启动之后都会工作得很好。

你只需要告诉它三件事：抓取的宽度，抓取的高度，以及用于存储摄像头拍摄的视频的文件路径。

这里的宽度与高度是非常简单的。但是关于视频有什么需要注意的？Linux 使用了一个特定的目录 /dev 来处理硬件。如果你使用 ls-l 命令列出 /dev 中的文件，你将会看到如图 16-3 所示的画面，其中有一个很长的设备列表。

列表中的一个设备的名称是 video0，所以视频源的位置是 /dev/video0 。

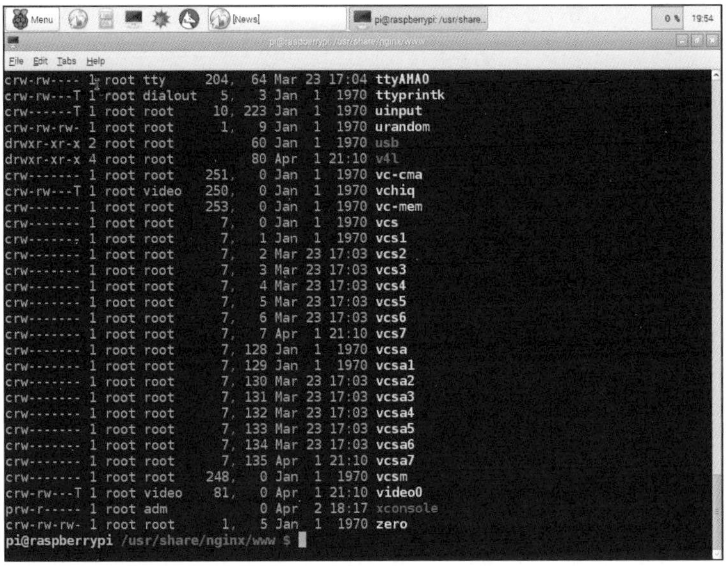

图 16-3

完整的设置代码应该类似于这样：

```
cam = pygame.camera.Camera(/dev/video0, (width, height))
```

在 Linux 中诸多奇怪的，抑或可以说是充满智慧的设置中有一点记住一切皆文件，所以一台摄像头也是一个文件。它仅仅是一个你在任何时刻都可以访问的文件而已。/dev 文件与其他的文件一样，都拥有权限设置。

这里的权限并不与你在正常文件中看到的那些相同。这里的权限前面都会以 c 开始，Linux 系统会告诉你这个设备正在生成一串小数字或者字母的原因。而在末尾都会有一个 T，这是一种非常特别的权限，你可以应用到你并不想要删除的文件上。（你并不需要记住这些权限。）

拍摄并且保存一张照片

在网络摄像头准备完成之后，你可以添加代码来拍摄一张照片。这里的魔文代码是：

```
cam.start()
image = cam.get_image()
cam.stop()
```

这段代码将会告诉你设置的摄像头对象准备拍摄一张照片。然后，这段代码会命令这个对象拍摄一张照片。之后它会告诉这个对象返回并且耐心等待，你可以在这段时间内进行其他的事情，比如看着这张照片并且说"喔！！！"

这就是你所需要的全部代码。Pygame 将会处理其他的问题。Pygame 同样会处理图片保存，只需要添加一行代码：

```
pygame.image.save(image, 'cam.jpg')
```

看到 Pygame 有多么好用了吧？你并不需要担心将文件转换为数字或者任何其他类似的复杂事务。Pygame 将会帮你全部进行处理。

将代码整合到一起之后，代码将会类似于这样：

```
import pygame
import pygame.camera
pygame.init()
pygame.camera.init()
width = 640
height = 480
cam = pygame.camera.Camera(/dev/video0, (width, height))
cam.start()
image = cam.get_image()
cam.stop()
pygame.image.save(image, 'cam.jpg')
```

运行并且检查代码

要测试这段代码，在你的树莓派目录下面新建一个文件，你可以使用 touch 命令或者 Leaf 编辑器。输入这段代码。将其保存为 webcam.py。

如果你有点懒的话——一般人都有点懒，是不是？你可以从本书的网站上下载这段代码，网址：www.dummies.com/extras/raspberrypiforkids。

要检查这段代码，需确保你目前位于你的 pi 目录下，这样你的 Python 才可以找到这个文件。然后输入下面的命令，并且按下回车：

```
python webcam.py
```

如果你准确无误地输入了这段代码并且你目前位于正确的目录下，你应该不会看到错误提示。

图 16-4 展示了在你列出目录文件，运行这段代码并且再次列出目录文件之后会发生的情况。

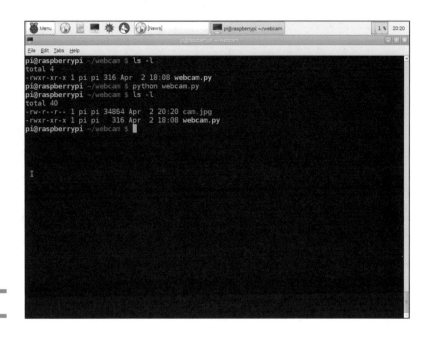

图 16-4

出现了一个新文件！文件名称为 cam.jpg。

在这个示例中，代码与照片都进入到一个特殊的目录 webcam 下。将项目保存在独立的文件夹下往往是最好的选择。这个文件夹中并没有任何其他的文件。如果你在 /home/pi 目录下新建了你的文件，你将会看到其他的情况。

查看照片

要查看这张照片，打开位于桌面上的文件管理器并且进入到你放置脚本的目录下。如果你没有修改文件管理器的设置，你可以看到你的脚本并且预览到 cam.jpg 文件。

想要全尺寸查看文件，双击这个文件并且使用内置的照片浏览器应用打开它，如图 16-5 所示。

要拍摄一张不同的照片，那么你需要再次运行这个脚本。

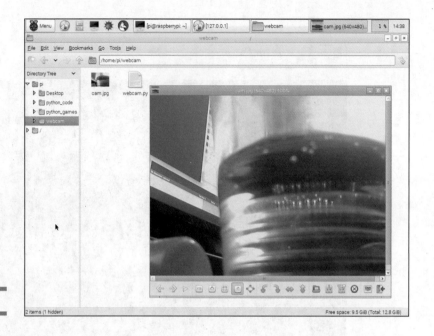

图 16-5

处理问题

如果代码无法运行，尝试下面的方法：

✔ **再三检查你的输入是否有误**。你有没有漏掉任何字母？你有没有不经意地加入了什么东西？你有没有弄乱代码的顺序？你有没有无意中多加或者删除了括号？

✔ **检查你是否位于正确的目录下**。你应该处于 /home/pi 或者任何处于 /home/pi 目录下的目录中。如果不是，你可能会遇到权限问题。

✔ **你的摄像头有没有连接到你的树莓派**？检查一遍是很有必要的。

✔ **摄像头还能起作用吗**？如果不能，试着换一个不同品牌的，并且价格更贵的网络摄像头。

升级你的脚本

这里有一些显而易见的方法可以升级你的脚本：

✔ 保存照片的同时将时间日期加入到文件名中。

第 15 章有一些涉及时间日期的提示。

✔ 使用 `pygame.transform()` 命令来反转、旋转照片或者改变照片尺寸，然后保存照片。

✔ 为照片添加 Instagram 风格的虚化与颜色然后再保存为文件。实现这个目标非常的困难。如果无法实现，你也不需要担心，因为你需要进行很多对 Python 以及照片的研究才能够让代码生效。

✔ 弄清楚如何让你的代码使用选项（参数），这样你就可以在运行脚本的时候从命令行中设置照片尺寸。这也非常的困难，你可以在线搜索关于"Python 命令行参数"的资料。

很多的成果中都提到了解析，这里是对于读取一系列事物并且将其转换为"我们应该如何进行有意义的操作"的计算机术语。"解析"对于极客来说更多意味着"理解"。

第 17 章
制作一个简易的网络摄像头

在第 16 章，你可以制作一个简单的照相机。那么将摄像头拍摄的照片放置到一张网页上以制作一个网络摄像头怎么样？你可以将摄像头放在你的房间里来检查宠物、兄弟、姐姐或者其他亲人的行为。

设置一张网页

如果你读过第 15 章，你就会知道你可以将你的 Python 脚本内置到一个 PHP 脚本中，而且会生效，对不对？

试一下吧。你可以使用第 15 章中所用过的那个 PHP 文件，或者在 `/usr/share/nginx/www` 目录下面新建一个文件。确保这个文件的名称是 `index.php`。

在这里我们不会使用桌面上的 Leaf 编辑器，你可以使用一种更加 Linux 化的方法编辑这个文件。

认识 nano

在第 15 章中，你可以了解如何使用 `touch` 与 `chmod` 命令来创建一个文件并且让该文件可以被 Leaf 桌面编辑器编辑。

而这里有一种更好的方法！

Linux 内置了一个可以从命令行下运行的编辑器，叫 `nano`。你可以通过 `sudo` 命令使它可以编辑任何文件或者以 root 权限新建一个文件。

与桌面文本编辑器相比，`nano` 可能会让人觉得有点奇怪。但是当你熟悉了它之后，你的效率会有所提高。

因为 `nano` 是从命令行中运行的，所以你无法使用鼠标对其进行控制，你需要输入命令。所有的命令都以同样的方式运行——需要你按下 Ctrl 键并且输入字母。

在使用 `nano` 命令的时候不要按回车键。长按 Ctrl 键告诉 `nano` 你正在输入一个命令而不是在编辑文档。

完整的命令表单很长。但是你可以使用位于编辑窗口底部的一组最常用的命令，如图 17-1 所示。

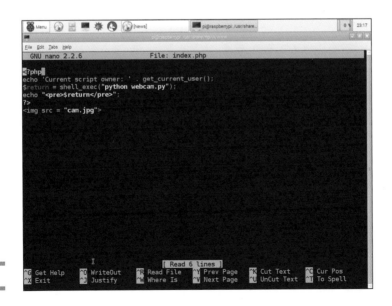

图 17-1

你可以使用 cd 命令移动到 /usr/share/nginx/www 目录下。然后输入如下的命令并且按下回车：

```
Sudo nano index.php
```

你会看到不同的颜色！Nano 将会使用不同的颜色高亮出代码的不同部分。添加颜色并不总是有用的，但是可以让我们比较容易看到代码的用途。

没有鼠标，你需要使用光标（ 实心的矩形条会让你知道你目前所处位置）。使用箭头可以移动光标。

要添加文本，就需要开始输入了；要删除文本，按下 Delete 键（ 位于键盘右侧）或者使用删除键（ 位于键盘左侧）；要添加新行，按下回车。

表 17-1 列出了最常用的 nano 命令。除非你要完成一些困难的任务，否则是用不到其他命令的。

表 17-1   常用 nano 命令

按键	用途
Control+Y	上翻一页
Control+V	下翻一页
Control+K	截取一行并删除
Control+U	粘贴一行
Control+O	保存当前文件
Control+X	退出 nano
Control+G	列出其他命令

编写一个 PHP 脚本

如果你读过第 15 章，你应该已经知道一个 PHP 文件中应该有什么内容啦。这里是一种解决方案：

```
<?php
$return = shell_exec(python webcam.py);
echo <pre>$return</pre>;
?>
<img src = cam.jpg>
```

第二行将会运行这个 Python 脚本。最后一行将会在一张网页上显示这张图片。

从技术上来说，这段代码并不真的需要一个返回值（$return）变量，因为这里的 Python 代码并不需要返回任何东西，只是在内部生成一个文件。但是能有一个返回值将会是非常有用的，以防你在之后有使用它的需求，或者是解决测试与问题处理之类的需求。

复制并且保存文件

这里有一个非常明显的问题：当你运行 PHP 代码的时候，Python 将会在 nginx www 目录下寻找 webcam.py 文件，但是这里的文件却是位于你的 /home/pi 目录下的。

你可以告知这个脚本运行位于 pi 目录下的文件，但是更好的选择是将所有的东西都保存到一个地方。

所以你需要在你运行脚本之前先复制脚本，使用 cp（复制）命令，就像这样：

```
Sudo cp  /home/pi/webcam.py  webcam.py
```

第一个文件路径将会找到位于你的 home 目录下的文件。如果你将其放入一个特定的项目目录下，记住包含这个目录下的路径。

现在你已经复制了这个 Python 文件，这个文件属于 root。如果你试着运行这个脚本，将会发生什么？

检查网页

打开树莓派中的网络浏览器，或者打开位于你家庭网络中的其他计算机中的网络浏览器，然后在你的网络地址栏中输入树莓派的 IP 地址。

如果你不知道树莓派的 IP 地址，第14章与第15章将会告诉你如何找到它；如果浏览器在这个树莓派上，你可以直接输入 localhost 或者 127.0.0.1。

你得到照片了吗？或者你有没有找到与图 17-2 所展示的图像（有一个代表缺失照片的小框）？

啊哦……

图 17-2

调试一张网页

当某些事情存在错误的时候，我们如何能够修复这些错误呢？

这可能会比较困难，特别是当你使用 PHP 和 Python 的时候，网页经常会悄无声息地出现错误。你一般不会得到任何预警——没有错误信息，没有供你检查的日志文件，什么都没有。

先想想权限的问题

如果你之前读过本书的第12章和第13章，你可能会先想到是否存在权限问题。没错！但是想要修复它，你需要了解更多关于 nginx 的知识。

当一个网络服务器运行的时候会发生什么？你只有知道使用者是谁才能够修复权限问题。然后明确哪一个使用者才是这台网络服务器的拥有者？是 pi 还是 root，抑或是其他的使用者？

你可以试着猜猜，但是如果你不知道这个答案，你将会猜错的！

要弄清楚为什么，先新建一个文件:whoami.php，文件中的代码如下：

```php
<?php
$return = shell_exec(whoami);
echo <pre>$return</pre>;
?>
```

这里的 `whoami` Linux 命令将会告诉你当前用户的名称。如果你以树莓派使用者的身份运行这个命令，你理所应当会得到 pi。

如果你将其加入到一个你可以知道其拥有者的脚本中，并且这个用户可能不会是 `pi` 或者 `root`。

查找网络用户

如果你重新加载这个网页，它将会生成一个非常简短并且出人意料的名字：`www-data`。

呃？谁是 `www-data`？你还记不记得在第 12 章与第 13 章中讲过 app（应用程序）都属于它们自己的用户。这里，`www-data` 是被 nginx 在提供一张网页的时候隐藏起来的用户名。

这个用户需要拥有进行如下活动的权限：

- 从摄像头读取图片。
- 在 `/usr/share/nginx/www` 目录下保存文件。

获得视频设备的权限

你可能会想到，只要给 `www-data` 访问 `/dev/video0` 的权限，一切都会迎刃而解。

可惜，这还不足以解决这个问题。想要知道为什么，输入下面的命令（输入完成之后按下回车键）：

```
groups pi
```

图 17-3 展示了一系列包含有树莓派使用者的用户组。

现在，你就可以戴上你的侦探帽并且开始检查啦！

当你完成第 16 章中的 `webcam.py` 脚本之后，它在用户 pi 中运行得很好，所以你现在应该已经知道 pi 是处于可以访问网络摄像头的用户组中的。

当你检查 `www-data` 用户组的时候会发生什么？使用这个命令试试：

```
groups www-data
```

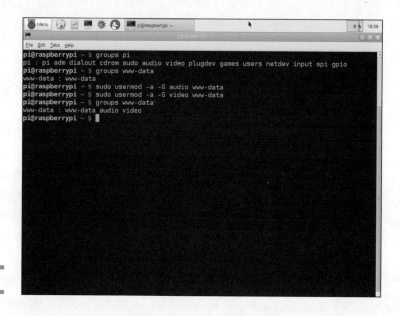

图 17-3

www-data 属于它自己的用户组，并且仅属于这个用户组。这意味着除非你将 www-data 赋予更多的用户组，否则你是无法访问网络摄像头的。

如果你需要处理摄像头，那么下面是一个不错的选择，你需要成为 video 组中的一份子，所以你需要将 www-data 加入到 video 组（视频组）中，之后就可以使用摄像头了。

同时，由于网络摄像头上是配有一个麦克风的，你同样还需要将 www-data 添加到 audio 组中（音频组），即使你并没有要录制音频的意思。这一切搞定之后，Pygame 在抓取到一张照片之后就会将其粘贴出来。

你需要将 www-data 加入到 audio 组中，就像这样：

```
sudo usermod -a -G audio www-data
sudo usermod -a -G video www-data
sudo reboot
```

重启树莓派以应用权限并且将其加入到 Web 服务器中。现在你的脚本就可以访问网络摄像头了。

你是如何知道这些的呢？你并不会知道。你需要使用在本章最后提到的高级调试技巧并且阅读一些错误提示。然后你需要做很多网络搜索并且试着猜猜不同的方法以让代码能够运行。这也是我们一般处理 Linux 问题的方法。直到你有了一些经验之前，疑问会一个跟着一个。但是困惑不可能消失，你只是在猜答案的时候将正确率提高了而已。

搞定网络目录权限

这里的 www-data 用户并没有在 /usr/share/nginx/www 目录下写入文件的权限。

这种限制是为了防止黑客入侵而特意进行设置的安全选项。不幸的是，这也让你在完成一些简单任务的时候变得更加困难，例如，保存一张网络摄像头所拍摄的图片。

这里的处理非常简单。你需要改变 www 目录的所有者与用户的组，就像这样：

```
sudo chgrp www-data /usr/share/nginx/www
sudo chown www-data /usr/share/nginx/www
```

现在 www-data 可以在它自己的目录下创建文件啦。Yeah!

图 17-4 展示了网络摄像头成功工作之后的画面。

图 17-4

进行更多高级调试

权限问题也并不总是这么复杂。用不了多久，你就会习惯于理解组问题与目录问题啦。在以后的网络项目中，你需要知道 www-data 是重要的用户。并且你还需要重启树莓派以使得组权限与用户权限生效。

但是 Python 与 PHP 依然非常的难以理解。下面的部分描述了一些在你的 Python 或者 PHP 脚本无法工作且你毫无头绪的时候可以使用的技巧。

通过打印消息测试代码

第一个小技巧就是在 Python 文件中嵌入一个写入到网页上的消息提示。然后不断地移动这一消息提示，直到你找到究竟是哪里无法工作为止。这里的消息提示非常的简单：

```
echo ok
```

这个小技巧是有效的，因为当 PHP 中的 Python 脚本出现问题之后，它会忽略这个问题继续运行。所以你现在可以使用 # 关闭可能会引起问题的代码行，# 可以将 Python 代码注释（Python 在运行时会忽略被注释的代码）。

然后你可以一行一行地向下移动测试消息代码，直到在你加载网页的时候不再出现问题。

这里是示例：

```
cam = pygame.camera.Camera(/dev/video0, (width, height))
echo ok
# cam.start()
# image = cam.get_image()
# cam.stop()
# pygame.image.save(image, 'cam.jpg')
```

如果你看到了 ok，你可以尝试一下这个：

```
cam = pygame.camera.Camera(/dev/video0, (width, height))
cam.start()
echo ok
# image = cam.get_image()
# cam.stop()
# pygame.image.save(image, 'cam.jpg')
```

然后测试这段代码：

```
cam = pygame.camera.Camera(/dev/video0, (width, height))
cam.start()
image = cam.get_image()
echo ok
# cam.stop()
# pygame.image.save(image, 'cam.jpg')
```

以此类推。当消息停止出现之后，你就已经找到无法运行的代码在哪一行啦。

假扮用户

技巧 2：假扮 www-data。你可以使用 sudo 命令假扮为用户 www-data，就像这样：

```
sudo -  www-data
```

这里的减号非常重要。这是世界上最短且最不明显的开关。

当你运行这个命令的时候，你需要在输入完成之后按下回车键，与之前一样，sudo 将会把你记录为 www-data。你可以使用 cd 移动到 /usr/share/nginx/www 目录下并运行你的 Python 脚本来看看会发生什么。

这个技巧是非常神奇的，因为你需要假装成为一个网络服务器。错误消息将会停止隐藏并且开始出现在屏幕上。你可以查看这些错误并且猜猜如何修复它们。

所以如果在 Python 中出现问题，这一技巧会将问题显示出来。

从命令行运行 PHP

技巧 3：从命令行运行 PHP。你并不是一定要在一个网页内部使用 PHP 的！你可以下载一个额外的 PHP，然后以命令的方式运行 PHP 文件，这会列出所有的错误提示。

要下载这个 PHP，输入下面的命令并且按下回车：

```
sudo apt-get install -y php5-cli
```

然后输入下面的命令来看看会发生什么：

```
php index.php
```

另外，你也可以同时使用 sudo 选择成为另外一个用户。

放弃

技巧 4：放弃。当然不要永远放弃。只是暂时把这个问题留在这里并且在之后寻求解决方案。有时候，你只是需要在一个问题上稍微停一下，当你回过头来看，可能答案就非常明显啦！